オスプレイエアコンバットシリーズ スペシャルエディション

F-14トムキャット
オペレーション イラキフリーダム

【イラクの自由作戦のアメリカ海軍F-14トムキャット飛行隊】

US NAVY F-14 TOMCAT
UNITS OF OPERATION IRAQI FREEDOM

トニー・ホームズ／著　平田光夫／訳

目次 INDEX

カラー図	COLOUR PLATES	7
カラー図解説	COLOUR PLATES COMMENTARY	18
まえがき	INTRODUCTION	20
第1章 南方監視作戦	OSW	21
第2章 「衝撃と畏怖」	'SHOCK AND AWE'	45
第3章 戦場の形成	SHAPING THE BATTLEFIELD	53
第4章 「ブラックナイツ」	'BLACK KNIGHTS'	68
第5章 北部の戦い	NORTHERN WAR	77
第6章 今もつづく作戦	ONGOING OPERATIONS	88
イラクの自由作戦参加トムキャット部隊一覧表	APPENDICES	95

〈左ページイラスト解説〉

　2003年4月10日、ジェフ・オーマン少佐とマイク・ピーターソン少佐はバグダッド中心部での前線航空統制官(機上)(FAC(A))任務に、VF-2のF-14Dトムキャット「バレット100」(BuNo 163894)であたっていた。パイロットだったオーマン少佐は、のちにこう語ってくれた。

「私たちはUSSコンステレーション(CV-64)を夜闇のなか発進し、責任空域へと向かいました。空中給油の終了後、統制官にチェックインして任務を聞きました。あの朝はバグダッドに近づくと、美しい夜明けが見えました。私たちは現場のFAC(A)だったので、各種の航空機を協同させ、地上軍指揮官の意図に応じて支援していました。ほとんどの場合、私たちは戦場の空からの目として地上部隊の状況把握を手助けしました。可能ならば彼らを誘導して戦闘地域を迂回させたりもしました」。

「海兵隊はすでに市内に突入していて、進路上にあるイラクの軍事施設を攻撃していました。抵抗拠点に遭遇することもしょっちゅうでした。10日の朝もそうです。バグダッドの中心部を戦車1両とハンヴィー数台で進撃中だった海兵隊は、自分たちが射たれているのに気づきました。弾丸の飛来方向やその地区の全体状況について私たちから聞いたので、彼らは敵の排除に専念できました」。

「上空待機していた米空軍のA-10を低空攻撃／地上掃射にあたらせ、敵を圧倒しつづけました。おかげで地上部隊は前よりもいい射撃位置に着けました。制圧射撃には砲兵隊も加わり、現場の航空攻撃と調整しながら砲撃をしました。航空機のほうはRAFのトーネードGR4が向上型ペイヴウェイIIレーザー誘導爆弾(LGB)で敵を無力化する一方、陸軍のブラックホークヘリも爆撃の間隙をぬってドアガンで敵の小火器の制圧に努めていました」。

「精密な攻撃で付近の民間人にひとりも犠牲者を出すことなく抵抗が排除されると、地上部隊にはバグダッド中心部への進撃継続が許可されました。私たちの支援はもう要らなくなったので、近くの給油機に満タンにしてもらいに引きあげました。そこから全空域統制官にチェックアウトし、空母へ帰投しました」。

(イラスト:Mark Postlethwaite)

著者

トニー・ホームズ
TONY HOLMES

トニー・ホームズは1989年からオスプレイ・アビエーションの編集者を務めている。西オーストラリア州フリーマントル出身。担当シリーズはエアクラフト・オブ・ジ・エーセス、コンバット・エアクラフト、アヴィエーション・エリート・ユニッツで、トニー自身も過去17年間にオスプレイで20冊以上の書籍を上梓している。米海軍航空隊の専門家であり、本書執筆のため、イラクの自由作戦から帰還してまもないトムキャットパイロットおよびレーダー要撃管制士官30名以上に独占取材する許可を与えられた。また本書に豊富に掲載された実戦写真も彼らからの提供である。

機体側面イラスト

ジム・ローリエ
JIM LAURIER

ジム・ローリエはニューイングランド出身で、ニューハンプシャー州在住。コネチカット州ハムデンのパイアー美術学校に1974〜78年に在学し、優等で卒業後、ファインアートとイラストレーションの分野で活躍している。米空軍から絵画制作を委託されており、その航空機画はペンタゴンに永久展示されている。

1
F-14D、BuNo 163894、VF-2、USSコンステレーション（CV-64） 2003年5月、太平洋

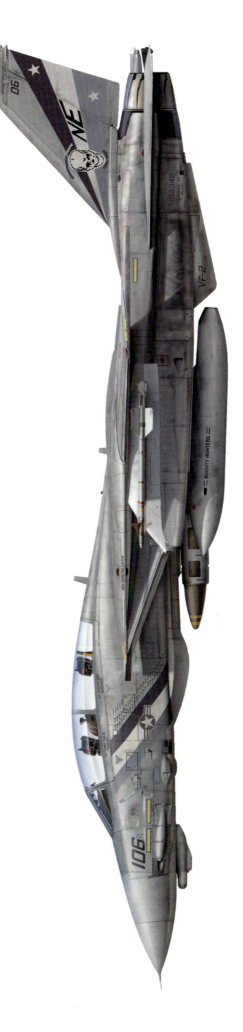

2
F-14D、BuNo 164342、VF-2、USSコンステレーション（CV-64） 2003年4月、北ペルシャ湾

3

F-14D、BuNo 164601、VF-31、USSエイブラハム・リンカーン（CVN-72） 2003年4月、北ペルシャ湾

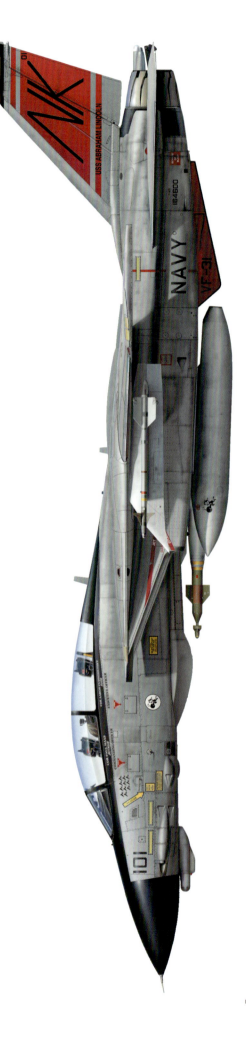

4

F-14D、BuNo 164600、VF-31、USSエイブラハム・リンカーン（CVN-72） 2003年4月、北ペルシャ湾

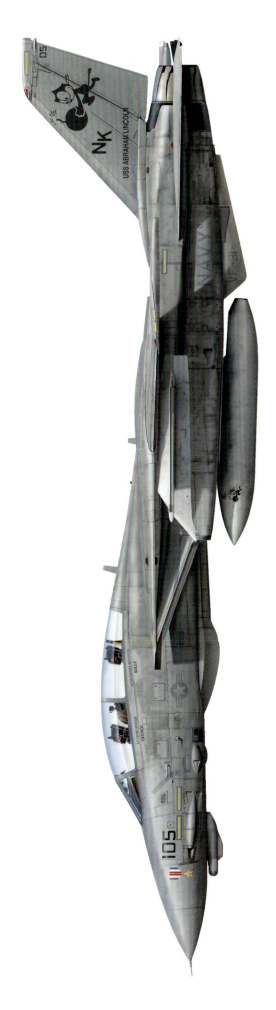

5
F-14D　BuNo 159610　VF-31、USSエイブラハム・リンカーン（CVN-72）2003年4月、北ペルシャ湾

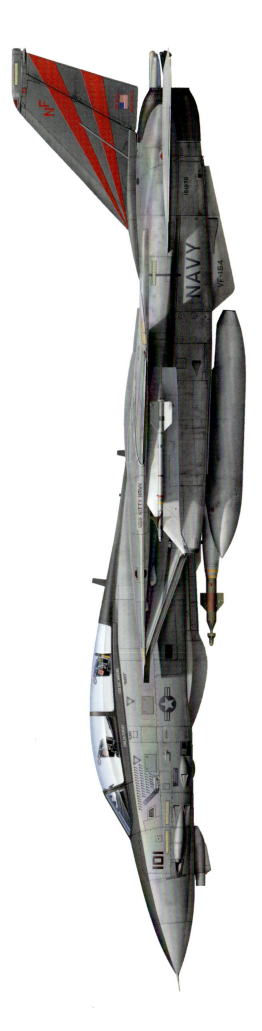

6
F-14A、BuNo 161276、VF-154、USSキティホーク（CV-63）2003年4月、北ペルシャ湾

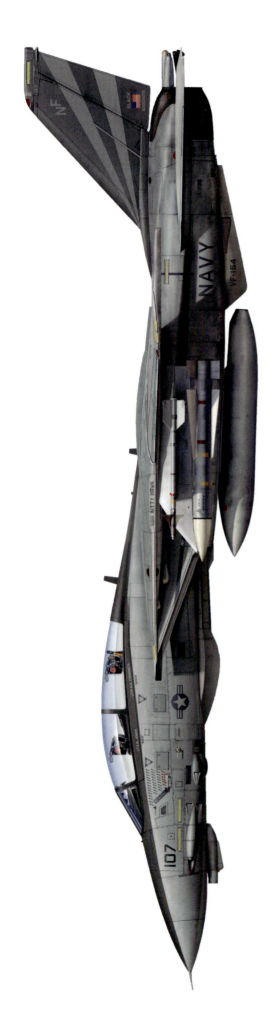

7
F-14A、BuNo 161296、VF-154、USSキティホーク（CV-63）2003年4月、北ペルシャ湾

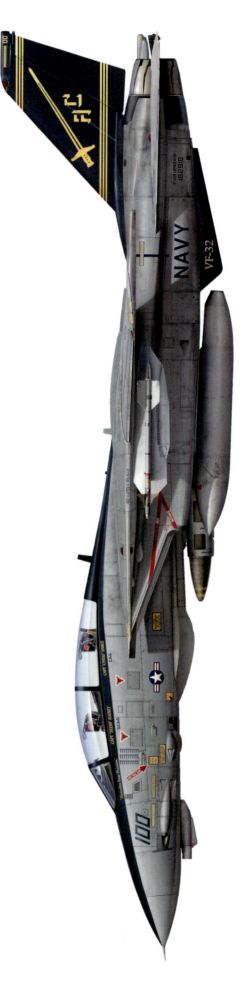

8
F-14B、BuNo 162916、VF-32、USSハリー・S・トルーマン（CVN-75）2003年4月、地中海

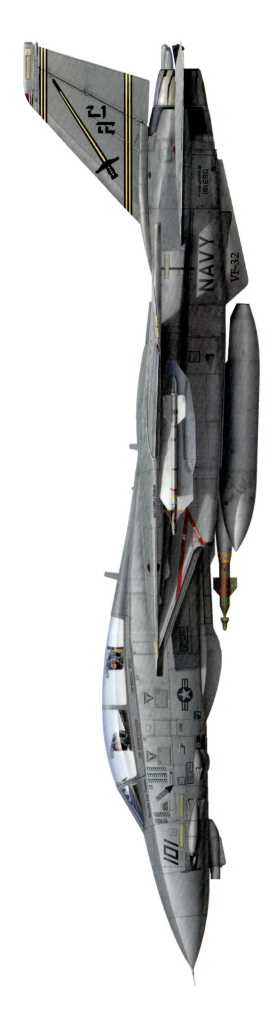

9

F-14B、BuNo 161860、VF-32、USSハリー・S・トルーマン(CVN-75) 2003年4月、地中海

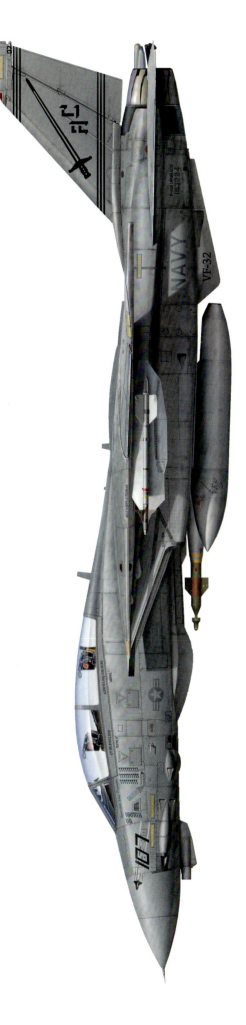

10

F-14B、BuNo 163224、VF-32、USSハリー・S・トルーマン(CVN-75) 2003年4月、地中海

11
F-14D、BuNo 164602、VF-213、USSセオドア・ルーズヴェルト(CVN-71) 2003年4月、地中海

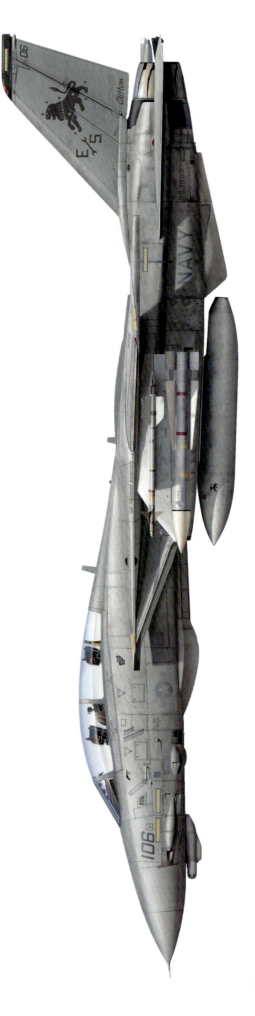

12
F-14D、BuNo 163893、VF-213、USSセオドア・ルーズヴェルト(CVN-71) 2003年4月、地中海

13
F-14A、BuNo 161603、VF-211、USSエンタープライズ（CVN-65）2004年1月、北ペルシャ湾

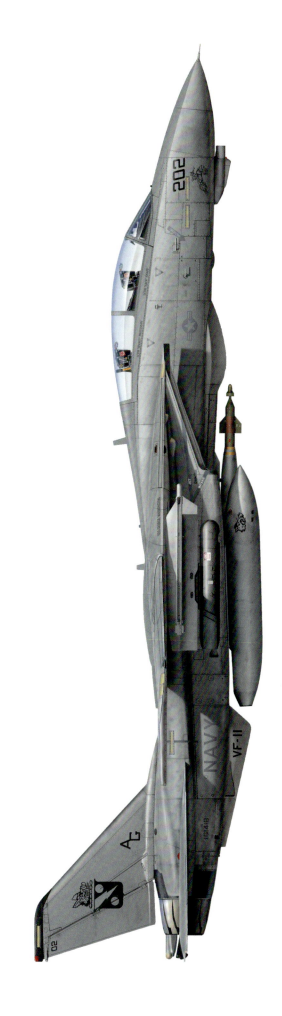

14
F-14B、BuNo 161418、VF-11、USSジョージ・ワシントン（CVN-73）2004年4月、北ペルシャ湾

15

F-14B、BuNo 162926、VF-143、USSジョージ・ワシントン（CVN-73）2004年4月、北ペルシャ湾

16

F-14B、BuNo 162918、VF-103、USSジョン・F・ケネディ（CV-67）2004年11月、北ペルシャ湾

17
F-14B、BuNo 163217、VF-103、USSジョン・F・ケネディ (CV-67) 2004年11月, 北ペルシャ湾

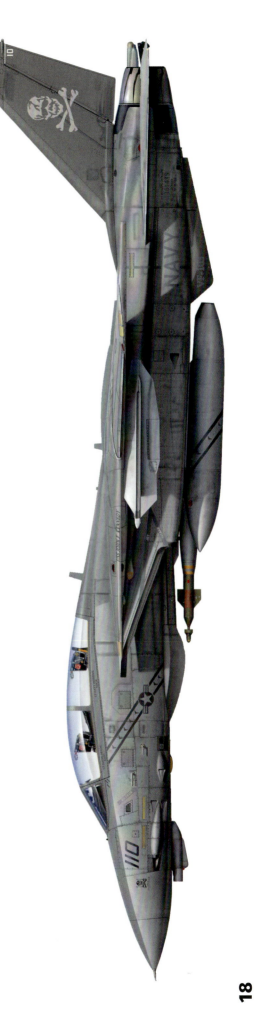

18
F-14B、BuNo 161435、VF-103、USSジョン・F・ケネディ (CV-67) 2004年11月, 北ペルシャ湾

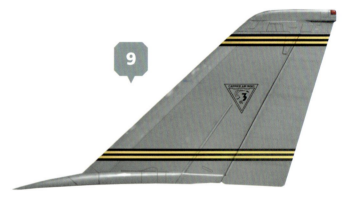

カラー塗装図解説
COLOUR PLATES COMMENTARY

1
F-14D、BuNo 163894、VF-2、USSコンステレーション（CV-64）2003年5月、太平洋

本機の来歴とOIF戦歴は54ページ参照。

2
F-14D、BuNo 164342、VF-2、USSコンステレーション（CV-64）2003年4月、北ペルシャ湾

「バレット106」はOIFで20mm砲を最初に発砲したVF-2機である（詳細は64ページ参照）。作戦中の投弾数はVF-2のCAG機に次ぐ第2位で、LGBが46発にJDAMが5発だった。1991年8月22日に新造機としてVF-124に引き渡された本機は、VF-31とVF-101（同隊のミラマー分遣隊含む）を経てから2000年にVF-2に移籍された。BuNo 164342は2003年中盤にVF-2がF/A-18Fに機種転換したため、VF-101に復帰した。

3
F-14D、BuNo 164601、VF-31、USSエイブラハム・リンカーン（CVN-72）2003年4月、北ペルシャ湾

VF-31のCAG機としてOIF中に19発のJDAM／LGBを投下した。本機の来歴とOIF戦歴は40ページ参照。

4
F-14D、BuNo 164600、VF-31、USSエイブラハム・リンカーン（CVN-72）2003年4月、北ペルシャ湾

TARPS機に改修されたため、LTSポッドを装備することはなかった「トムキャッター101」がOIF中に投下した爆弾は11発のみ。VF-31の10箇月に及んだCVN-72での長期展開の終盤、尾翼の有名な「フェリックスと爆弾」の図案がエンジンインテイクの直前、国籍マークの位置に移された。小型だった第14空母航空団のNKコードも尾翼全体を覆うように大幅に拡大された。詳細は補足図4を参照。本機の来歴とOIF戦歴は21ページ参照。

5
F-14D、BuNo 159610、VF-31、USSエイブラハム・リンカーン（CVN-72）2003年4月、北ペルシャ湾

VF-31の最古参、「トムキャッター105」はOIFで爆弾を1発も落とさなかった稀有な機体である！「格納庫の女王」としてCVN-72の下層甲板に留まり、飛行隊のほかの9機のための「部品取り機」として使われた。リンカーンからオシアナへ飛び去った2003年4月30日、本機には「わが献身により他機は飛べり」の文字が添えられた功労勲章が描かれていた（補足図5参照）。1975年8月に海軍に引き渡された本機の戦歴の頂点は、1989年1月4日、シドラ湾上空においてVF-32のトムキャットとして僚機と2機でリビア空軍のミグ23「フロッガーE」2機を撃墜した時だった。翌年F-14Dに改修された本機は、2003年5月31日に除籍されるまで、ほぼVF-31一筋で使用された。本機は2003年11月14日よりダレス空港のスティーヴン・F・ユドヴァー・ヘイジー・センターで展示されている。

6
F-14A、BuNo 161276、VF-154、USSキティホーク（CV-63）2003年4月、北ペルシャ湾

VF-154はCAG（航空司令）機とCO（飛行隊長）機の塗装が同じだった。もっぱらキティホークから出撃していた「ナイト101」はOIFで45発のLGBを投下し、51発のLGBを投下した「ナイト103」に次ぐ第2位となった。1981年6月25日に新造機としてVF-2に引き渡された本機は、その後15年間VF-213などのミラマーを拠点とする各部隊で使用された。1996年に海軍が「ファイタータウン【ファイタータウンにルビ：ミラマー】」を海兵隊に譲った際、本機はVF-211に移籍された。BuNo 161276は1999年12月15日に厚木海軍航空基地に移動してVF-154に配備され、「ブラックナイツ」のCO機のマーキングを施した。本機は部隊とともにオシアナに帰還する2003年9月まで「ナイト101」として使用され、同年12月16日に除籍された。

7
F-14A、BuNo 161296、VF-154、USSキティホーク（CV-63）2003年4月、北ペルシャ湾

「ナイト107」はOIFの大部分の期間をアル・ウデイド空軍基地から出撃していた5機のVF-154所属機の1機。このトムキャットは戦争中に32発のLGBを投下したが、「ブラックナイト」のF-14でバルカン砲を発砲した唯一の機でもあった。爆弾マーク前方の機関砲エンブレムに注意。1982年3月6日に新造機としてVF-1に引き渡された本機は、その後VF-21、VF-114、VF-2で艦隊配備を、VF-124でミラマー基地配備を経たのち、1995年にオシアナでVF-32へ移籍された。1996年末からジャクソンヴィル海軍航空基地で保管されていたBuNo 161296は、2000年にVF-41に移籍され、CVN-65搭載の第8空母航空団の2001年展開時に南方監視作戦と不朽の自由作戦で実戦を経験した。帰還後VF-41がF／A-18Fに機種転換したため、BuNo 161296は2002年1月12日にVF-154に移籍された。2003年9月に本機は部隊とともにオシアナへ戻り、同年末に除籍された。

8
F-14B、BuNo 162916、VF-32、USSハリー・S・トルーマン（CVN-75）2003年4月、地中海

1988年4月に新造機としてVF-143に引き渡されたこの戦闘機は、1994年にVF-103に、その後1997年初めにVF-102に配備された。そこでCAG機として使用され、3年後にVF-32に移籍されてからもCAG機を務めた。すべての飛行隊カラーをまとったBuNo 162916は2000〜2001年のトルーマンの初展開時にイラク上空で実戦に使用され、その後再びOIFで28任務を飛び131.3戦闘時間を記録、GBU-12を29発、GBU-16を1発、GBU-31を5発投下した。これらの任務マーキングに加え、本機には2枚の垂直尾翼の内側に第3空母航空団の旧エンブレムが描かれている（補足図8参照）。本機は2005年現在、北ペルシャ湾で活動中である。

9
F-14B、BuNo 161860、VF-32、USSハリー・S・トルーマン（CVN-75）2003年4月、地中海

「ジプシー101」には垂直尾翼の内側に第3空母航空団の新バッジが描かれている（補足図9参照）。本機の来歴とOIF戦歴は79ページ参照。

10
F-14B、BuNo 163224、VF-32、USSハリー・S・トルーマン（CVN-75）2003年4月、地中海

本機はモデックスが107だったため、2003年2月1日の大気圏再突入時に空中分解したスペースシャトル、コロンビアの事故で殉職したSTS-107のNASAクルーを追悼するマーキングが描かれた。BuNo 163224はOIFで35任務を飛んで144.5戦闘時間を記録、GBU-12を23発、GBU-16を6発、GBU-31を14発投下した。1989年6月に新造機としてVF-24に引き渡された本機は、VF-142、VF-101、VF-102、VF-103を経てから、1999年末にVF-32に配備された。本機は同部隊で2005年現在も使用されている。

11

F-14D、BuNo 164602、VF-213、USSセオドア・ルーズヴェルト（CVN-71）2003年4月、地中海

「ブラックライオン100」はVF-213で最多の兵装（JDAM／LGB計31発）を投下したが、コクピット下にハイヌーン（真昼の決闘）競技会の「シックスシューター」賞の紋章も描いている。本賞はオシアナで毎年開催される航空射撃競技会で優勝した海軍戦闘飛行隊に与えられる。本機は1998年の砂漠の狐作戦でVF-213機として実戦に参加し、2001～02年の不朽の自由作戦にも同部隊機として参戦した。BuNo 164602は1992年8月14日に新造機としてVF-124に引き渡され、1994年末にVF-2へ移籍された。1997年末にVF-213がF-14AとD型の交換を実施した際、BuNo 164602はVF-2から移籍された機の1機だった。以来本機はVF-213に所属している。

12

F-14D、BuNo 163893、VF-213、USSセオドア・ルーズヴェルト（CVN-71）2003年4月、地中海

ハイヌーン競に加え、VF-213は2002年に海軍最優秀戦闘部隊としてジョセフ・クリフトン提督賞も受賞している。加えて「ブラックライオンズ」は第8空母航空団最高の稼働率によりゴールデンレンチ賞を受賞し、高い戦闘効率性を維持したことによりバトルE（効果）賞を、さらにセイフティS賞も受賞したため、2003年の時点でVF-213の全機がこれらの賞を表わすマーキングを尾翼に描いている。BuNo 163893はアフガニスタンの地図をかたどった不朽の自由作戦従軍章も後席コクピット下に描いており、そこに同作戦での本機の投弾数である70がステンシル塗装されている。BuNo 163893は砂漠の狐作戦にも参加し、さらにOIFでは23発のJDAM／LGBを投下した。1990年8月31日に新造機としてVF-124に引き渡された本機は、VF-101のA分遣隊（1994年より）とVF-31（1995年9月より）を経てから、1997年末にVF-213に移籍された。

13

F-14A、BuNo 161603、VF-211、USSエンタープライズ（CVN-65）2004年1月、北ペルシャ湾

VF-211のCO機は同部隊最後のトムキャット展開期間中、クリフトン賞とグランドスラム精密打撃賞、バトルE賞にセイフティS賞のマークをまとい、色彩の乱舞状態になっていた。1983年7月1日に新造機としてVF-124に引き渡された本機は、その後VF-21、VF-2、VF-24、VF-213で使用されてきた。1990年代末に保管機にされたBuNo 161603は、2001年初めにVF-14に配備され、南方監視作戦と不朽の自由作戦で実戦に参加した。VF-14がF／A-18Eへの機種転換を開始した2002年初め、本機はVF-211に移籍された。2004年10月に本機は同部隊からAMARC（航空宇宙整備再生センター）へ引き渡された。

14

F-14B、BuNo 161418、VF-11、USSジョージ・ワシントン（CVN-73）2004年4月、北ペルシャ湾

VF-11所属のF-14は全機がAIM-54をかたどったノーズアートを北ペルシャ湾展開時に描いていたが、これはフェニックスミサイルを装備する海軍最後の艦載機部隊（姉妹飛行隊のVF-143と同じく）であることを示している。第7空母航空団所属の両トムキャット飛行隊は北ペルシャ湾到着から数日後の2005年2月25日、それぞれ8発のAIM-54を発射し、このミサイルにまつわる歴史を作った。1982年5月21日に新造機としてVF-101に引き渡された本機は、1988年に4機目のF-14B改修機となり、その後VF-74、VF-143、VF-142、VF-101、VF-103で使用された。本機は1999年以降、VF-11に所属している。

15

F-14B、BuNo 162926、VF-143、USSジョージ・ワシントン（CVN-73）2004年4月、北ペルシャ湾

1988年11月に新造機としてVF-103に引き渡された本機は、同部隊で砂漠の嵐作戦の実戦を経験し、その後VF-142、VF-143、VF-32を経てから、1998年から再びVF-143に復帰した。

16

F-14B、BuNo 162918、VF-103、USSジョン・F・ケネディ（CV-67）2004年11月、北ペルシャ湾

VF-103のCAG機として2004年の北ペルシャ湾展開時に2発のLGBを投下した。1988年7月に新造機としてVF-102に引き渡された本機は、8年後にVF-101へ、そして2000年にVF-103へ移籍された。本機は2005年1月5日に退役し、AMARC行きとなった。

17

F-14B、BuNo 163217、VF-103、USSジョン・F・ケネディ（CV-67）2004年11月、北ペルシャ湾

VF-103の歴代CO機がモデックス103である理由は説明不要だろう。同飛行隊で最もカラフルなF-14、BuNo 163217は2004年の北ペルシャ湾展開時にLGBを4発投下した。この戦闘機は1989年1月に新造機としてVF-142に引き渡され、その後VF-143で使用された。1998年にVF-103に配備された本機は、2年後にVF-102へ移籍された。2001～02に第1空母航空団の不朽の自由作戦航海で実戦参加したこのF-14は、2002年にVF-101へ、2003年にVF-103へ移籍された。本機も2005年にAMARC行きとなった。

18

F-14B、BuNo 161435、VF-103、USSジョン・F・ケネディ（CV-67）2004年11月、北ペルシャ湾

VF-74で砂漠の嵐作戦を経験したこのベテラン機は、1998年にVF-102から移籍後、VF-103一筋で使用された。このF-14Bは2004年のVF-103のトムキャット最終展開時にLGBを3発投下した。

まえがき
INTRODUCTION

1991年の砂漠の嵐作戦の勝利におけるトムキャットの貢献は、あらゆる面で皆無に近かった。100機以上のF-14が作戦に参加したにもかかわらず、実戦を経験した10個飛行隊が評価されたのは本来の役目である戦闘任務ではなく、写真偵察任務だった。しかし12年後のイラクの自由作戦（OIF）に参加した5個飛行隊では事情はまったく違った。トムキャットのパイロットとレーダー要撃管制士官たちは無数の作戦を52機で実施し、防空、精密爆撃、前線航空統制（機上）、写真偵察任務をイラク全土で実施した。

本書で取り上げるのは、30年に及ぶ米海軍空母部隊におけるトムキャットの歴史上、最後となった大規模作戦行動である。OIFは参戦したF-14部隊にとって大成功だった事実が、本書からご理解いただけるだろう。

謝辞
ACKNOWLEDGEMENTS

OIFでトムキャットを米空母の甲板から戦場へと駆った数多くの海軍航空隊員の協力により得られた貴重な証言のおかげで、本書の内容はきわめて充実したものになった。テロとの戦いに現在も従事しているアメリカ軍の男女への取材は、我々が暮らす9.11後の世界ではかなり困難になってしまった。しかしペンタゴンの米海軍最高情報部（CHINFO）ニュースデスク部員各位のおかげで、OIFから帰還して間もない主立ったトムキャット航空隊員との面会とインタビューが実現できた。この場を借りて私の要望をすみやかに通していただいたCHINFOのジョン・フレミング中佐、ダニー・ヘルナンデス少佐、デイヴィッド・ラケット中尉、「臨戦状態」の基地の案内をしていただいた米大西洋艦隊海軍航空部隊副司令のマイク・マウス広報士官とレモー海軍航空基地のデニス・マクグラス広報士官に感謝申し上げる。またほかでは得がたい文章への建設的な批判と温かな歓待を等分にいただいた旧友の海軍航空史家、ピーター・マースキー中佐にも感謝申し上げる。そしてマイク・ピーターソン少佐（南方監視、不朽の自由、イラクの自由作戦に参加した元トムキャット乗り）は原稿を入念に読み込んでくださり、一読者としての立場から正確さを期していただいた大恩人であるだけでなく、本書に数々のすばらしい戦闘手記も寄せていただいた。第5空母航空団のOIFの写真を撮影したトッド・フラントム3等写真要員、VF-2のスチル写真を撮影したダン・マックレイン2等写真要員、クリストファー・J・マッデン海軍映像ニュース部部長にも感謝申し上げる。写真家のデイヴ・ブラウン、リチャード・シューダック、豪州空軍のゲイリー・ディクソン伍長、神野幸久、トロイ・クィグレー、エリック・レンテン、エリック・スローテルバーグの各氏にも大変お世話になった。テイルフック協会のスティーヴ・ミリキン大佐とジャン・ジェイコブス大佐、そして海軍航空協会のジップ・ローサ大佐、デイヴ・バラネク中佐、マーク・ハサラ空軍中佐、VMFA(AW)-533のデイヴ・グローヴァー少佐、デイヴィッド・イズビー、ゲイリー・シーハン、ボブ・サンチェスの各氏からは時宜を得た情報をいただいた。

最後に本書に掲載されたOIFの体験談や写真をお寄せいただいた以下の部隊のパイロットと海軍飛行士官の各位に感謝申し上げる。

第2空母航空団：マーク・フォックス大佐、クレイグ・ジェロン大佐、ラリー・バート大佐、デイヴ・グローガン少佐
第8空母航空団：デイヴィッド・ニューランド大佐
第14空母航空団：ジム・ミューズ少佐
VF-2：ダグ・デネニー中佐、デイヴ・バーナム中佐、ジェフリー・オーマン少佐、マイク・ピーターソン少佐、ショーン・マシソン大尉、パット・ベイカー中尉
VF-31：リック・ラブランシュ中佐
VF-32：マーカス・ヒッチコック中佐、ラッセル・アリザ中佐、デイヴィッド・ドーン少佐、ティム・ヘンリー大尉、デイヴ・デケルジョー中尉
VS-38：カーロス・サルディエロ少佐
VFA-83：マット・ポティエ少佐
VF-103：マット・クープ中尉
VF-154：ダグラス・ウォーターズ中佐
VF-213：ジョン・ヘフティ中佐、マーク・ハドソン少佐、ラリー・シドバリー少佐、ケネス・ホーキコ中尉

トニー・ホームズ
2005年3月、ケント州セヴンオークスにて

着艦フックを下ろし、CVN-72の上空で急旋回して着艦パターンに入るVF-31のF-14D、BuNo 164600。TARPSポッドを5番ステーションに、自衛用のAIM-9Mを2発ショルダーパイロンに装備している。2003年初め、南方監視作戦での写真偵察任務終了時。トムキャットの最終生産機から5機前にあたる本機は、1992年3月31日にグラマンから海軍へ引き渡された。本機は当初、カリフォルニア州ミラマー海軍航空基地のVF-124西海岸F-14機種転換飛行隊で新人のトムキャットパイロットとRIOの訓練に使用され、1994年9月の同隊解散後、VF-101ミラマー分遣隊（西部分遣隊とも呼ばれる）へ移籍された。1997年初めにVF-31に移籍されたBuNo 164600は「トムキャッター104」として飛んだが、同年11月に同隊のCAG（航空団司令）機として尾翼を全面黒に再塗装された。2000年末に同機はCO（飛行隊長）機となり、VF-31伝統の朱色の双尾翼にグロスブラックのレードームという出立ちになった。3機あった西太平洋勤務を経たベテラン機の1機であり、第14空母航空団の2002～03年の10箇月にわたる不朽の自由／南方監視／イラクの自由作戦航海で酷使されたBuNo 164600にはオシアナ海軍航空基地への帰還後、高段階オーバーホールが予定されていた。しかしトムキャットの退役が迫っていたため、本機の分解修理のための予算はほかの用途へ回すのが得策と判断された。BuNo 164600は2003年6月16日にそのまま飛行停止となり、オシアナ基地のノーフォーク海軍航空補給処でSARDIP（損傷航空機改修再生／廃棄プログラム＝部品取り用廃）にのみ該当と分類された。(Lt Cmdr Jim Muse)

第1章
南方監視作戦
CHAPTER ONE OSW

「諸君全員の一人ひとりをイラクの自由作戦への貢献により賞賛したい。諸君は合衆国が世界史上最大の海軍航空戦力を誇ることを全世界に知らしめている。戦いはまだつづいているが、イラクは解放された。大統領と国家が諸君に求めているのは勇気と献身と技量だ。諸君はそれに正確無比な、不撓不屈の航空戦力で応えた。OIFに呼応して7個の空母と航空団が投入されている。個々の航空母艦はアメリカ領土の至高の一片であるが、集団としては史上最強の攻撃部隊であり、また同盟諸国と協力する我々の適応力と能力の確かな証しである」。

この2003年6月の海軍航空隊に向けた太平洋海軍航空司令官マイク・マローン中将の演説は、米海軍がOIFで果たしたことを的確に総括している。海軍航空隊員はその緒戦段階で1000を上回るソーティを飛び、2003年4月中旬までに戦域内の航空母艦からのこの数字は6500を超えた。その64％が攻撃および近接航空支援（CAS）作戦だった。そのすべてが1991年の砂漠の嵐作戦当時よりも1個少ない空母／航空団—USSニミッツ（CVN-68）が第11空母航空団とともに北ペルシャ湾入りしたのは作戦終了と同時だった—によって達成されたのだった。

アメリカ海軍の現行モットー、「量ではなく質」をまさに地で行くように、2003年に戦闘に投入された航空機の戦闘効率は、12年前にクウェート解放のため投入された部隊と比べての数的不利を埋める以上のものだった。

統合直撃弾薬（JDAM）や統合スタンドオフ兵器（JSOW）や新世代レーザー誘導爆弾（LGB）が、より優れた戦術とより高性能な航空機と組み合わされた結果、「第2次湾岸戦争」における海軍の

貢献度は砂漠の嵐作戦時よりも大きくなった。

　砂漠の嵐作戦で米空軍のF-15EやF-16A／Cなどの多用途戦術機が投下したスマート爆弾の画期的な運用に触発された海軍は、1990年代に莫大な額の技術予算を投じ、最終的に「一発必中」兵器を作り上げたのだった。

　砂漠の嵐作戦の経験者、第14空母打撃群司令パット・ウォルシュ少将は元第1空母航空団司令でもあり、海軍が戦い方を改めなければならなかった理由を説明してくれた。

「冷戦時代の外洋海軍として、我々は自主的に行動するよう教わりました。これは常にソ連との戦いでは一緒に戦う同盟軍が期待できなかったからです。同盟国の施設と基地は利用できても、彼らが武器を取って我々とともに戦ってくれるとは夢にも思いませんでした。1991年のイラクとの戦いで海軍が実地で学んだのは、統合軍形態であれ多国籍軍形態であれ、合同軍として行動する時に何ができるかでした。それ以前はどうすれば我々の単独遂行型の作戦をもっと効率的にできるかという基本構想がまとまっていませんでした。1991年以前の我々はペルシャ湾できわめて自主的に行動していました」。

　海軍の空母に搭載される兵器とシステムも冷戦時代の考え方を反映していた。ウォルシュ少将をはじめとする海軍航空隊員は艦内のテレビに映っていた光景を見て愕然としたという。

「砂漠の嵐作戦に参加したすべての海軍航空隊員と同じように、私も精密爆弾が目標に命中していく米空軍の提供映像をテレビで見て仰天しました。艦隊にはそんなものはありませんでしたから。この分野における我々の問題のひとつに、昔と同じやり方で戦果を評価していたことがあります。爆弾が目標に命中するような生々しい映像を任務後分析のためにリアルタイムで艦へ送れるような装備は、海軍の攻撃機にはありませんでした。その種の映像は専用の偵察プラットフォームに依存するしかなかったのです。砂漠の嵐の時はTARPS（戦術航空偵察ポッドシステム）を積んだF-14です。このトムキャットでは、空軍のレーザー誘導式スマート爆弾のように、爆弾が実際に目標に命中する映像は撮れませんでした。海軍には『リアルタイム』で爆弾の命中と戦果を判定する手段がなかったのです」。

　偵察プラットフォームとしての価値はあったものの、冷戦時代の海軍戦略の申し子で砂漠の嵐作戦で最も役立たずとされてしまった航空機は、その象徴たるF-14トムキャットだった。要撃専用戦闘機として作られ、ミサイルを搭載してアメリカ海軍の空母を沈めようと迫り来るソ連軍爆撃機の波状攻撃を阻止するのが任務だったにもかかわらず、実戦に派遣された10個のトムキャット飛行隊はイラクの実際の戦場から数百キロ南方の北ペルシャ湾上空を戦闘空中哨戒しているだけのことが圧倒的に多かった。さらにイラク空軍が海軍艦艇の攻撃に消極的だったため、F-14が戦闘機として戦うことはまずなかった。

　トムキャット部隊が戦闘の蚊帳の外に置かれてしまった理由は、海軍が空母航空団を統合航空部隊の一員として運用するために必要な組織と手順を確立できなかったからだった。このためF-14の搭乗員は厳格な交戦規定（ROE）に縛られ、機上センサーのみを使っての空中目標との自律的交戦ができなかった。その代わりに彼らは米空軍のE-3エイワックス機などの統制プラットフォームに射撃許可を仰がねばならなかった。

　交戦規定の基準を満たせれば、AIM-7スパローやAIM-54フェニックスなどの視程外空対空ミサイルを積んだ戦闘機は安全な遠距離から兵装を発射できたが、それはその空域に誤射しうる友軍機がいないとわかっていればの話だった。米空軍のF-15パイロットは自機のコクピット内で敵機判定に求められる交戦規定の全基準を撃墜の前に満たせた。反対にF-14では交戦規定のすべての基準を満たせるシステムとソフトウェアがなかったため、搭乗員は外部に交戦許可を求めなければならなかった。このためイラク空軍機の制圧はイーグルパイロットの仕事となり、そうして彼らは35機を撃墜した。

　筆者がインタビューしたあるベテラントムキャットRIOによれば、砂漠の嵐作戦でのF-15の大戦果には空軍と海軍の対抗意識も大きく関係していたという。「CAP（戦闘空中哨戒）にF-14とF-15が配置された場所では身内びいきが相当ありました。イーグルが撃墜数を上げられたのは、空軍のE-3エイワックスが北のショーを仕切ってたからです。連中は海軍機を引きあげさせてから、イーグルに美味しいところを持って行かせることもあったらしいですよ。これは頭にきた海軍パイロットが言いふらしたガセネタかも知れませんが、私個人がOIF中に見た限りでは、その手の話には事実も多少入ってましたね」。

　砂漠の嵐以降の数年間は海軍戦闘機関係者にとって暗い時代で、大幅な予算削減によって10個の第一線トムキャット飛行隊が本機の低い任務遂行能力と天文学的な飛行時間経費を理由に解隊された。もはやF-14が大海原を行く日々もあとわずかと思われたその時、グラマン「鉄工所」製の別の機種が早期退役となったおかげで執行猶予がもたらされた。全天候長距離攻撃機A-6イントルーダーが前倒し退役させられたのは、やはり高額なメンテナンス費用と、冷戦が終わり本機の任務が消滅したと考えられたためだった。

　イントルーダーの退役が迫り、トムキャットも同じ道をたどるかと思われたが、海軍はそうなると世界の「警察官」としての任務を遂行するための戦術艦載機が不足することに、ようやく気づいた。

　F-14が開発された1960年代末、グラマンは本機に爆弾投下能力を持たせたが、この任務は海軍の要求に含まれていなかった。艦隊運用での最初の20年間、トムキャットは純然たる戦闘機として使用されていたが、1980年代初期から写真偵察任務が導入された。大量退役に脅威を感じた戦闘機関係者は生き残りのため任務の多様化に目を向けるようになり、かつてA-6が果たしていた全天候精密爆撃任務を担う機が現在いないのに着目し、F-14に何らかの照準ポッドを取り付けようという動きが起こった。

　通常型のトムキャットに自由落下爆弾を搭載する実験が早くも1987年11月から行われたが、海軍上層部は精密な兵装投下能力がなければF-14は優れた戦闘攻撃プラットフォームになりえないことを見切っていた。トムキャット用に完全新規のシステムを開発するだけの予算がなかったため、1994年秋に「既製品」の照準ポッドが調達されることになったのは、大西洋海軍航空隊司令官のロビー活動により、ささやかな予算が確保されたおかげだった。採用された装置は実戦証明ずみのAAQ-14 LANTIRN（夜間低高度航法／目標指定用赤外線装置）ポッドで、マーティン・マリエッタがF-15E用に開発したものだった。

　わずかな予算でトムキャット関係者たちは一群の防衛関連企業から適宜支援を受けながら取り組みを進め、アナログ方式のF-14A／Bにデジタル式ポッドを取り付け、1995年3月にはVF-103から提供されたテスト機がLANTIRNを使用してLGBを投下した。この初期評価試験の結果は驚嘆すべきもので、トムキャットクルーはほぼ同様の装備をもつ空軍のF-15EやF-16Cよりも優れた赤外線映像と爆撃精度を手に入れたのだった。1996年6月14日、最初の艦上型LANTIRNポッドがオシアナ海軍航空基地でVF-103に引き渡された。その記念式典でジョン・H・ダルトン海軍長官は誇らしげに「猫は復活した」と宣言した。

本来爆撃機ではなかったF-14に精密照準能力を賦与するため、基本となったLANTIRNシステムは海軍独自のLTS（LANTIRN目標照準システム）型に改良された。LTSは2ポッド式のLANTIRNシステムから航法ポッドを取り除き、トムキャット用に照準ポッドを大幅に性能向上させた。海軍型ポッドにはGPSと慣性計測ユニットが内蔵され、高低線指示と兵装投下弾道を算定できた。RIOのコクピットには空軍機の同業者、機上兵装管制士官のよりもはるかに大型のディスプレイが設けられたため、目視倍率と目標認識度が高くなっていた。

空軍型とは異なり、LTSは兵装投下計算のすべてを行い、算定した投下指示を乗員に提示できた。また遮蔽回避曲線ディスプレイに加え、最終的には北方位指示機能と40,000フィート（約12,000メートル）到達レーザーも組み込まれた。後者はきわめて有用で、F-14の搭乗員は脅威になりうる兵器の射程高度外からLGBを投下できるようになり、また不朽の自由作戦時にはアフガニスタンの高地でも真価を発揮した。

偵察関連機材としてもLTSは、FLIRが捉えたあらゆる目標の座標を算定できた。その後、T3（トムキャット戦術照準法）というソフトウェアの改良により、LTSがはじき出す座標の精度が上がり、GPS誘導兵器（JDAM、JSOWおよびCBU-103 WCMD）の運用に利用できる座標が初歩的ながら史上初めて戦術機上で算定可能になった。この能力が初めて実戦で用いられたのは不朽の自由作戦で、T3実装型LTSを装備したトムキャットが算定した座標により、B-52がCBU-103 WCMD（風向補正子弾散布爆弾、基本的にロックアイ子弾散布爆弾のGPS誘導型）を高度12,000メートル超から投下した時だった。これらの爆弾が見事に直撃した車両コンボイは停止していたが、これはトムキャットがLGBで先頭のトラックを破壊して足止めしたためだった。

だがそれはまだ先の話であり、1996年6月の時点ではF-14とLTSのコンビは実戦証明がまだだった。ただ9箇月前に先触れ的なものはあり、同盟の力作戦中の1995年9月5日にトムキャットはその価値を示すチャンスが、「役不足」仕事ながら一瞬あり、USSニミッツ（CVN-68）搭載のVF-41に所属する2機のF-14が東ボスニアの弾薬集積所にLGBを投下していた。

ロッキード・マーティンAN／AAQ-25 LANTIRN目標照準システム（LTS）ポッドは常時8Bステーションに装着されているが、この装備のおかげでF-14の戦闘運用法が海軍における第一線配備期間の最後の10年間、一変することになった。位置情報用に絶対不可欠なGPSと安定性と精度を向上させる慣性計測ユニットを搭載したこのポッドには、F-14が搭載する各種の精密爆弾用の弾道データを計算するコンピューターも内蔵されていた。トムキャットのレーダー、AWG-9（F-14A）、AWG-15（F-14B）またはAN／APG-71（F-14D）からのデータがポッドに送られる一方、LTSが乗員たちのコクピットディスプレイに表示するのはビデオ映像と誘導記号だけである。このためLTSを機能させるためのトムキャットの配線やソフトウェアの変更は最小限でよかった。ポッドの操作はすべてRIO席で行われるが、爆弾投下用の「ピックル・ボタン」は前方のパイロット席にある。基のLTSの価格は約300万ドルで、高価なため艦隊に配備されたのはわずか75基である。通常、1個飛行隊は6〜8基のポッドを展開時に引き渡され、これらはTARPS機でない機に常時装備される。写真のポッドは2002年末、CV-64搭載のVF-2のF-14のもの。（PH2 Dan McLain）

南方監視作戦
OSW

バルカン半島とアフガニスタンでの短期間の戦闘を除けば、F-14のクルーにとって戦闘といえば砂漠の嵐作戦以来の北ペルシャ湾でのものがほぼすべてである。この戦いのすぐのち、飛行禁止空域がイラク南部に設定され、海軍のトムキャット飛行隊が12年間、その空域の監視にあたった。最初の禁止空域が確立されたのは砂漠の嵐作戦の直後で、サダム・フセイン大統領の軍隊からイラク北部に住むクルド人を保護するのが目的だった。当初は北緯36度以北のイラクの全空域を安寧提供作戦の一環として監視下に置いたが、この作戦の法的根拠は国連安保理決議第688号だった。

南部のシーア派イスラム教徒が迫害され始めると、国連の支持のもと新たな飛行禁止空域が南方監視作戦（Operation Southern Watch、OSW）として1992年8月26日に確立された。合衆国、イギリス、フランス、サウジアラビアの部隊からなる南西アジア統合任務部隊も、OSWの遂行を監督するために同日編成された。1997年1月1日に北方監視作戦（Operation Northern Watch、ONW）と正式に命名された北部での作戦同様、OSWでは米英仏軍の航空機が安保理決議の実行にあたり、イラク軍の航空機とヘリコプターが北緯32度以南を飛行するのを阻止していたが、飛行禁止空域は1996年9月に北緯33度まで拡大された。

2003年初め、VF-2の機により撮影されたこのTARPS画像は、アメリカ空母戦闘群が12年間にわたって実施してきたOSWで、北ペルシャ湾のトムキャットが撮影した写真偵察資料の典型である。一群の指揮統制用掩蔽壕が第2空母航空団所属のF／A-18Cから投下された3発のJDAMで破壊されている。この種のBHA（戦闘命中評価）資料は統合航空作戦センターにとり、OIFに向けてイラク軍の防空体制の有効性を評価するのに不可欠だった。(VF-2)

OSWでのアメリカ海軍最大の貢献は強力な空母戦闘群であり、米中央軍の一部として第5艦隊（1995年7月に編成）の指揮下に置かれ、本地域での作戦を監督した。通常、北ペルシャ湾には航空母艦1隻が常駐し、艦は6箇月の標準展開期間のうち、約3～4箇月をOSWに費やした。大西洋艦隊と太平洋艦隊の艦が交互に「見張りに立ち」、サウジアラビア、クウェート、バーレーンその他の近隣地域の同盟国にある陸上基地に展開した米空軍とRAF（英空軍）の航空機とともに飛行禁止空域の監視任務を分担した。

OSWの本来の目的は飛行禁止空域を科すことでクルド人とシーア派住民への弾圧を断念させることだったが、まもなく多国籍軍が知ったのは空軍を動員しなくてもイラク陸軍は南北の反乱分子に易々と対抗できるという事実だった。その人々を守るのには効果がなかったものの、1991年にはこれが蜂起とフセイン政権打倒運動を促したため、アメリカ主導の多国籍軍は北方／南方監視作戦を堅持する姿勢をほとんど変えなかった。元々は有効な副次的任務に過ぎなかったこれらの区域におけるイラク軍の活動の組織的監視は、1990年代中盤からこれらのソーティを実施する搭乗員の主要任務へと発展したのだった。

1998年12月にアメリカ政府がONW／OSWを継続する理由として示したのは、イラク近隣国の潜在的な侵攻からの防衛と、国連武器査察団の受け入れと安全の保証だった。

トムキャットはOSWで主役を務めていたが、それは長距離戦闘機としての能力のためではなかった。砂漠の嵐作戦当時、F-14はTARPS機としての能力により、南西アジア統合任務部隊に好天ならばイラク軍の活動を毎日監視できるという自由度をもたらした。TARPS任務は必要悪だと考える筋金入りの戦闘機乗りは

多かったが、それでもこの任務のおかげでトムキャット関係者はOSWの実施に日々確かな貢献ができたのだった。またLTS装備機が出現する以前、北ペルシャ湾に展開していたF-14部隊の「日常茶飯事」だった大抵つまらなくて退屈な上空戦闘哨戒よりは、TARPS任務ははるかに面白いソーティだった。

古株のトムキャットクルーたちがめざとく気づいていたのは、飛行禁止空域に10年以上イラク空軍機が存在しないことは、当時数千回に達していた上空戦闘哨戒任務が南西アジア統合任務部隊の立場から見て望ましい結果になっているということだった。飛行禁止空域での一般的な任務の実際はOSWの継続期間中、大した変化はなく、以下のような定型パターンをたどることが多かった。作戦任務の定型が確立されていたことと、南西アジア統合任務部隊の統合航空作戦センターと北ペルシャ湾の空母航空団とのあいだに秘匿メール通信網が確立されていたおかげで、艦にいる作戦立案者は航空任務命令の「フラグ」（任務指示）概要を想定飛行時刻の約72時間前に受け取れるのが普通だった。さらに日が経つにつれ、確かな情報がさらに艦に寄せられ、航空機隊が発進する24時間前には作戦参加者たちはどこへ行き、何をするのか、さらにはほかの陸上基地から発進する支援機がどんな役目を果たすのかなどの詳細を知ることができた。

任務の当日、担当搭乗員（任務に参加するトムキャットは5機で、うち4機が実際に任務を行い、1機は在空予備機として発進する）はOSWのブリーフィングを離陸の約2時間半前から始めた。これは航空団レベルの打ち合わせで、その任務に関わる全員が出席するのが普通だった。これは30～45分つづき、その後F-14の搭乗員は所属飛行隊の待機室に戻り、任務における自分たちの担当部分について、4機小隊レベルのブリーフィングを行った。これが15分間。それから搭乗員は2機分隊レベルに分かれて個人ブリーフィングを行い、飛行中の緊急事態や単機としての立場からソーティで何をすべきかなどについて検討した。この方式は参加部隊に「全体像」から「中レベル」や「細部」へと理解を進めるのに大変有効だった。

空母航空団の最大の利点のひとつが、陸上基地のOSW参加機と異なり、任務に参加する全部隊が一堂に会し、顔を合わせてブリーフィングできることだった。各空母航空団はこれを航海中ほぼ毎日行い、任務のさまざまな面や作戦の段取りについてじっくり話し合った。これは海軍がイラクに送り込むパッケージの大規模化にも役立った。一方アメリカ空軍の部隊はすべてのブリーフィングを個別に行ってから、「ボックス」へ向かう途中で合流して互いに支援し合ったが、これは南の飛行禁止空域は多国籍軍の航空部隊も分担していたためだった。

トムキャット搭乗員たちは発進の45分前に「甲板に足をつけて」自機へ向かったが、それまでに機体は完全に給油され、補助動力装置により全システム（エンジン以外）が始動／作動しており、パイロン装備の兵装、あるいはTARPSポッドが取り付けられていた。

各機はそれから飛行前点検を甲板上で10～15分間行い、その後レーダー要撃管制士官（RIO）が機に乗り込んでレーダーシステムや航空電子機器をチェックした。発艦開始30分前に航空団のエアーボス（飛行甲板を取り仕切る航空管制長）が「出発」をコールし、各機はエンジンに点火した。すべてがあるべき作動状態ならば、5機のトムキャットは繋止を解かれ、既定の順序に従って艦に4基ある発艦用カタパルトのいずれかへ発進のため整列した。空母を無事発進すると、パイロットは機上レーダーを空対空捜索モードにして当直の空中給油機を探すことが多く、主統制周波数でエイワックスの統制官に話しかけて指示を請う、俗に攻撃と呼ばれる「通信割り込み」をすることは少なかった。給油機の位置を確認すると、各機は給油機と編隊を組んでその左翼側につき、自分の順番が来るのを待ってトムキャットの大容量のタンクすべてを満杯にした。給油が完了するとパイロットは乗機を編隊内で後退させたが、今度は給油機の右翼側へ寄った。

在空予備機はこの時点で母艦へ引き返すが、それは任務機の4機すべてが給油を無事終了し、作戦に不可欠な全システム—兵装、無線、レーダー誘導および警告受信機、航空電子機器—が正しく機能していた場合である。

攻撃隊の大半はその後、攻撃準備滞空に入ると2個の小パッケージに分かれたが、これは防備脆弱時間（海軍航空隊員は単にヴァルタイムと呼ぶ）中にいつでも援護に回れるようにするためだった。この任務方式は小さな編隊では容易だが、大規模なジェット機編隊では互いの進路を妨害しがちになるので難しい。第1パッケージにはトムキャットの専任戦闘機（1997年以前）か戦闘爆撃機、またはTARPS任務機の2機編隊が含まれ、攻撃準備滞空時間がやや長いが同じく戦闘に加わる第2パッケージに先立ち、ヴァルタイムを開始した。この戦術を実施する際、両パッケージの重複が短時間ながら発生する。

各パッケージには航空任務命令により「ボックス」内でのヴァルタイムが定められており、それぞれの時間帯割は南西アジア統合任務部隊の統合航空作戦センターが慎重に作り上げていた。この機関はサウジアラビアに設置され、多国籍軍参加部隊（海軍と陸上基地の両方の飛行部隊）のために航空任務命令を策定していた。

これが標準的な作戦手順で、パッケージが所定の時間帯内にイラク南部に進入できなかった場合、その部隊には「陸上飛行」が認められなかった。「ボックス」に到達すると、部隊は既定のルートを通ってそれぞれが指定されたイラク南東部の哨戒空域まで進出した。OSWの実施中、搭乗員たちは4箇所ある航空交通統制局のいずれか1個と常時連絡を保っていた。第一が北ペルシャ湾にいるアメリカ海軍イージス級巡洋艦内の戦闘情報センターで、第二がクウェートのイラク国境近くに設けられた専用レーダー管制センター、第三がパッケージ支援の当番機を務める「ビッグウィング」空中給油機の機上で、第四が周回飛行をつづける1機のE-2またはE-3エイワックスだった。これらの統制局が「ボックス」内の全戦術機に、イラク軍防空隊が作戦に反応し、何をしているかの最新情報を提供しつづけていた。

トムキャットは長大な航続距離のおかげで、F-14の分隊がOSWで持ち場の交代をすることはまれだった。ソーティの時間中、トムキャットがどの機も「ボックス」内にずっと留まれたのに対し、ホーネットの2機分隊は進入すると燃料が許すかぎり持ち場に留まるものの、代わりのF／A-18がもう2機来ると交代した。トムキャットがあとから来た分隊とともにようやく去るのは、後者のパイロットが給油を求めた時だった。これは事実上、F-14は一度満タンにすれば、持ち場にホーネットの倍の時間、留まれるということだった。

任務が完了すると、トムキャット隊は北ペルシャ湾の「洋上」を既定ルートどおりに空中給油機めざして南下した。給油機は米空軍のKC-10かKC-135、RAFのVC-10かトライスターの1機か、または攻撃パッケージのために空母を発艦し、北ペルシャ湾上空の持ち場に滞空しながら彼らの帰還を待っている2機の「群れている」S-3ヴァイキングのいずれかだった。もう一度空中給油の手順を繰り返し、母艦への着艦に必要な量プラス500ポンドまでタンクを満たすと、機は空母の上空へ向かい、編隊を整えてから着艦の順番を待った。一般的なOSWの任務は通常約4時間だったが、これは天候や哨戒飛行中に目標を爆撃したかなどにより変化した。

南方監視作戦のハイライト
OSW HIGHLIGHTS

　1993年1月の多国籍軍によるイラク南部における一連の活発な空爆（海軍からはUSSキティホーク（CV-63）搭載の第15空母航空団が参加）ののち、OSWの「ボックス」内の作戦任務はほぼ何事もなく、5年間が過ぎた。この期間中ずっとTARPS任務を与えられていたF-14部隊はひたすらイラク南部の広大な地域を撮影しつづけ、陸上部隊の動向監視や対空火器／地対空ミサイル基地の発見に努めていた。

　1991年以来、北ペルシャ湾で攻撃機を護衛してきたトムキャットクルーたちにようやく目標を爆撃する機会が与えられたのは、1998年12月16日早朝の砂漠の狐作戦（Operation Desert Fox）の開始時だった。4日間におよぶ航空攻撃の表向きの目的はイラクから大量破壊兵器の製造能力を奪うことだったが、この軍事作戦は既知の兵器集積所への国連査察団の立ち入りをサダムが認めないことも原因だった。だが多くの消息筋は、砂漠の狐作戦の最大の目的は一連の中枢攻撃によりイラクの独裁体制を叩くことだと考えていた。そのためバグダッド南部の大統領宮殿が爆撃されたが、そこには特別治安局や特別共和国防衛隊の入った建物があった。

　作戦初日の夜、こうした精密攻撃の先鋒を務めたのがUSSエンタープライズ（CVN-65）を飛び立ったVF-32のF-14Bだった。第3空母航空団から出撃した33機の一翼を担うこのトムキャット隊は、トマホークミサイルの集中攻撃があとに曳く航跡のなかをイラクへ進入した。VF-32のあるF-14攻撃隊長によれば、16日の砂漠の狐作戦は海軍の独演ショーだったという。

「初日の夜は海軍機だけで、空軍は空中給油機すら全然いませんでした。英軍もです。作戦は奇襲効果を上げるため、単次攻撃とされました。私たちのF-14は1000ポンドGBU-16型LGBを2発搭載し、目標はバグダッド市内でした。トムキャットに割り当てられたのは、ほとんどが硬目標でしたが、これは本機のLTS能力のためです。副次被害は不可でした。私たちは目標を発見し、叩きつぶしました。建物が吹っ飛ぶのをLTSのコクピットディスプレイで見ましたが、凄まじかったです。私たちは弾道対空ミサイルや対空火器の反撃を受けました」。

　砂漠の狐作戦の最終夜（12月19日）、第3空母航空団の攻撃隊に第11空母航空団の機が加わったが、後者はUSSカール・ヴィンソン（CVN-70）の搭載部隊で、同艦は8時間前に北ペルシャ湾入りしたばかりだった。第11空母航空団の攻撃隊の中心はLTSを装備したVF-213のF-14Dで、必殺の命中精度をもつLGBを装備し、同航空団のホーネット3個部隊のために目標をレーザー照射した。砂漠の狐作戦の終結時までに、第3および第11空母航空団は作戦

途中給油のため「ボックス」を出てホースの順番を待つVF-31の「トムキャッター101」。RAF第216飛行隊のトライスターK1から給油を受けているのはVFA-25のF／A-18C、BuNo 164635である。2003年2月。トライスターはバーレーンのムハッラク島から飛来したものだが、砂漠の嵐作戦中も同島に駐留していた。RAFは通常、最低でも1機のトライスターかVC-10Kをバーレーンに常駐させ、イラクに進入する多国籍軍を支援していた。大型空中給油機はOSWでもOIFでも引っ張りだこで、第2空母航空団のデイヴ・グローガン少佐が筆者に語ってくれたところによると、トライスターは特に米海軍の戦術機パイロットに人気があったという。
「戦地では燃料をくれるなら、米空軍、海軍、RAF、RAAF、誰からでももらいました。私個人は米空軍のKC-135やKC-10よりも、イギリスのL-1011トライスターが好きでした。なぜならロッキード機のバスケットは私たちのプローブに空軍のよりずっと嵌めやすかったからです。RAF機は照明システムも夜間作戦にずっと適していました」。(Lt Cdr Jim Muse)

1998年12月の砂漠の狐作戦の一環として、VF-32のF-14B、10機がCVN-65の第3空母航空団による精密攻撃の先鋒を務めた。写真は本機（BuNo 161870。その後2004年の第2次イラクの自由作戦ではVF-143から参加）が投下した兵装を示すため、受け持ち機にLGBのシルエットを慎重に描く飛行隊整備員。トムキャットとLTSの組み合わせは4日間の作戦中、目覚しい戦果を上げた。(PHAN Jacob Hollingsworth)

期間中に実施された25回以上の攻撃で、400超のソーティをこなした。VF-32だけでも111,054ポンド（約50.4トン）の兵装を投下したが、内訳はGBU-10が16発、GBU-16が16発、2000ポンドGBU-24貫徹型LGBが少なくとも26発だった。貫徹型の兵器が航空機掩体や司令部掩体壕、指揮統制所ビルのために選択されたのは明らかである。しかしすべてのトムキャットが爆装して作戦に参加したわけではなく、VF-32とVF-213はいずれも砂漠の狐作戦の第2日に米空軍のB-1Bを護衛するために一連の戦闘空中哨戒を実施している。

この作戦の期間はわずか4日間だったが、その成果が実感されたのは2003年3月のOIF（イラクの自由作戦）の時だった。爆撃作戦の開始直前に国連武器査察団がイラクを去ると、サダムは勝利を宣言し、飛行禁止空域にもはや法的正当性はないと述べると、ONW／OSWの任務機に対する挑発として、これ見よがしに移動式の地対空ミサイル発射装置や高射砲などを禁止区域に移動させた。これらは数箇月後に使用されることになり、イラク軍戦闘航空機も「ボックス」への侵入を頻繁に開始した。

こうしたイラク空軍の攻撃的な姿勢の結果、米海軍のトムキャットが初のフェニックスミサイルによる撃墜を達成しそうになる事態が起きた。1999年1月5日、VF-213の2機のF-14Dが、飛行禁止空域に侵入したミグ25にAIM-54Cを2発発射した。イラク軍機はすでに北へ針路を戻して高速で帰投中だったため、トムキャットはかなりの遠距離からミサイルを発射せざるをえなかった。いずれも目標には命中しなかった。

イラクがOSWに対する反抗の意思をさらけ出すようになると、「ボックス」を哨戒する多国籍軍機が火器管制レーダーで追尾され、対空火器や無誘導地対空ミサイルで撃たれる事態が毎日のように起こった。砂漠の狐作戦後の状況下では、こうした違反行為は南西アジア統合任務部隊の迅速だが周到な反撃を招くこととなった。主な報復作戦―反撃選択肢群（ROs）と呼称される―は、統合航空作戦センター承認の事前計画攻撃構想で決定済みだった。各反撃選択肢群では、脅威や侵入への正当な範囲内での対処を飛行禁止空域の執行者に認めており、その手段は地対空ミサイル基地／対空火器陣地や指揮統制拠点などの事前に決定されていた目標に対する承認済み攻撃だった。

1999年9月9日、その当時哨戒飛行への抵抗が目立つようになっていたため、USSコンステレーション（CV-64）搭載の第2空母航空団はガンスモーク作戦を発動した。「ボックス」内の39箇所の対空砲および地対空ミサイル基地のうち、標的とされた約35箇所が一連の精密攻撃で破壊されたが、これは砂漠の嵐作戦以後、1日で消費された弾薬量としては最多だった。VF-2のF-14Dはこの作戦で先導的な役割を果たし、LGBの投下やF/A-18が発射するAGM-65のためのレーザー照射以外にも、同部隊はAIM-54Cを1発、遠距離からイラク軍のミグ23に対して発射した。これも命中には至らなかった。

1999年の最初の9箇月間、米軍機と英軍機は10,000ものOSWソーティを飛行し、400個の目標に1000発の爆弾を投下した。この戦闘ペースは2000年に入るまで維持され、2000年3月から

2001年3月にかけて、多国籍軍機はさらにイラク領内へ10,000ソーティを飛行する間、地対空ミサイルと対空火器の攻撃を500回以上受けた。これらの攻撃に対し、2001年1月1日以来、多国籍軍機は60回発砲し、米英軍の攻撃機は38回爆弾を投下した。

これらの報復攻撃で最も大規模だったのが、2001年2月16日にUSSハリー・S・トルーマン（CVN-75）から出撃した第3空母航空団が5箇所の指揮統制通信施設を目標としたものだった（実際、ガンスモーク作戦以来最大だった）。今回もVF-32がこの一日戦争の先鋒を務め、LGBを投下し、仲間のホーネット隊のためにレーザー照射を行い、TARPS任務と「ボックス」内での防勢対航空（DCA）掃討を実施した。

現地では徐々に緊張が高まりつづけていたが、2001年9月11日の世界貿易センタービルとペンタゴンへの同時多発攻撃のため、一時的ながら落ち着きを見せた。その後ジョージ・W・ブッシュ大統領によるテロに対する宣戦布告により、第5艦隊指揮下の空母戦闘群はOSWの持ち場を離れてアラビア海へと東進し、アフガニスタンで不朽の自由作戦を支援することになった。この作戦で内陸のアフガニスタンで長距離作戦を行う航空戦力の多くが艦載機だったため、米海軍によるOSWソーティは中断された。これによりイラク軍は北緯33度以南へ防空兵器を移動する動きを強めた。

2002年春になるとタリバン政権はアフガニスタンで力を失い、アメリカ政府は再びこの地域の旧敵、サダム・フセインに注意を戻した。その証左が2002年8月末に北ペルシャ湾に到着したUSSジョージ・ワシントン（CVN-73）と搭載部隊の第17空母航空団で、本艦のOSW展開は本作戦で空母が1年近く任務を行った初の例となった。到着から数日後、同空母航空団（VF-103を含む）は

主翼グラブパイロンを共有するVF-2のF-14の主力対空兵装。2003年3月。その4年近く前の1999年9月、AIM-54Cを積んだ「バウンティハンターズ」のF-14はもう少しで伝説のフェニックスミサイルによる米海軍初の撃墜を達成するところだった。VFA-151のホーネットパイロット、ロン・キャンディロロ少佐（その後同部隊で2003年にOIFに参加した）はその戦闘を目撃していた。

「あの時は私の全海軍人生でいちばん興奮した瞬間でした。私たちは2機のイラク軍ミグ23と交戦しました。2機はバグダッド西方のアル・タカダム空軍基地から飛来し、飛行禁止空域めざして南下中でした。私はイラク軍機にフェニックスを発射したVF-2のF-14と編隊を組んでいました。そのミサイルは結局地表に突っ込んでしまったのですが、私が2機を追撃してスパローを撃とうとしたところ、フェニックスが発射されたのを察知したミグは北へ旋回して引き返そうとしました。トムキャットのクルーが私の周波数を間違えて通話していたので、パイロットのフェニックス発射コールは聞こえませんでした。『バッファロー』（ミサイル）が目標へ飛んでいくのを見て、初めてわかったんです！」。

F-14DのクルーがAIM-54Cを発射したのは、秘匿無線とリンク16 JTIDS（統合戦術情報配布システム）経由のデータリンク情報を受信してからだった。キャンディロロ少佐の機体にはJTIDSがなかったため、なぜトムキャット分隊の隊長機が北へ変針して加速したのかわからなかった。またF-14のクルーが射撃許可を受けていたことも、フェニックスが発射されるまで知らなかった。もしイラク軍戦闘機が北へ引き返して加速していなければ、ミサイルが誘導されて2機を撃墜していたのはほぼ確実である。AIM-54CはOSW期間中ずっとF-14に必ず搭載され、またOIFのごく初期にDCA任務を実施したトムキャットにも搭載されていた。しかしイラク空軍が戦況上、脅威でないことが判明すると、フェニックスは姿を消した。実際のところ、ほとんどの戦闘においてF-14の自衛には1発か2発のAIM-9Mで十分だった。（PH2 Dan McLain）

GBU-16を積んだF-14D、BuNo 164351 に乗り込もうとするVF-2の隊員。1999年9月9日、ガンスモーク作戦にて。この24時間にわたるOSWの攻勢で、CV-64艦上の第2空母航空団は砂漠の嵐作戦以降、1日としては最多の弾薬を消費した。VF-2は航空団の先鋒を務め、割り当てられたバスラ周辺の39箇所の目標—S-60 (57mm) およびKS-19 (100mm) 対空砲、そして地対空ミサイル基地群—のうち、35箇所を破壊した。OIFの経験者、ラリー・バート大佐はガンスモーク作戦中、第2空母航空団のVFA-137の隊長だっ

た。彼はこう語ってくれた。
「VF-2のクルーたちは対空砲基地を自機のLGBで叩いてから、レーザーマヴェリック (LMav) を積んだホーネットを呼びました。F-14の連中は新しい高射砲を発見すると、ホーネットを呼び寄せてから一緒に突入し、LTSで目標をレーザー照射してやりました。このコンビが絶妙だとわかったのは、あるF-14クルーがたった1度の作戦で10門の砲を撃破したからです。うち4門は自機搭載のLGBで、6門はLMavででした」。(US Navy)

ROs (反撃選択群) による攻撃を何度か実施したが、これはイラク南部上空での哨戒中に対空砲／地対空ミサイル用レーダーによる照射が絶えないためだった。

OSWを執行するためにROsを主な手段として適用したのは、多国籍軍がイラク領内を飛行する味方航空隊の安全を確保するためだった。当初、SAFIRE (地対空射撃の略、対空砲や地対空ミサイルなど) に対する準即応航空反撃は、砂漠の狐作戦の以前と直後では一般的だったものの、その後は飛行禁止空域の侵犯発生当日に行われる事後懲罰攻撃に置き換えられた。9.11後、このROs攻撃はさらに徹底した方式へ発展し、多国籍軍は南方飛行禁止空域内に存在するあらゆるイラク軍事目標を攻撃するようになった。しかもその対象は最初に報復の原因を作ったものとは限らなかった。むしろこれは予め決定されていたRO作戦計画をOSWの最後の数箇月間に実施し、OIFのために戦場の地ならしをするものだった。

第17空母航空団はアフガニスタンで不朽の自由作戦の任務を2箇月間果たしたのち、北ペルシャ湾でちょうど3週間の任務を行った。CVN-73はその後地中海へ回航して第6艦隊の指揮下に入ると、12月に母港へ帰還した。その前に同艦の北ペルシャ湾の持ち場にはUSSエイブラハム・リンカーン (CVN-72) が配置されたが、これが同艦の10箇月半に及ぶ長期航海の始まりだった。CVN-73と同じく、本艦も2002年10月末の北ペルシャ湾入り前は不朽の自由作戦の支援を行っていたが、同艦の第14空母航空団の隊員たちはアフガニスタン上空での長期間の哨戒任務中、実戦を経験していなかった。

これは彼らがOSWを開始すると一変することになったが、それはイラクが大量破壊兵器を開発して大量に備蓄しているという憶測のため、ブッシュ政権が対イラク開戦について本腰を入れ始めたためだった。フセイン政権とオサマ・ビン・ラディンのアルカイダ・ネットワークとの関連も大きく喧伝され、それらの最終結果がイラク方面でOSWソーティを実施している米英作戦機の反撃レベルを上げるという、2002年9月にドナルド・ラムズフェルド米国防長官が下した決定だった。全面紛争はもはや避けられなかった。

OIF作戦の直前、VF-2のF-14Dの下の爆弾パレットに置かれた2000ポンドGBU-31（V）2／B型JDAM。この兵器はOIFの「衝撃と畏怖」段階では有効性を発揮したものの、紛争終結後はそのサイズのせいであまり使われなかったとVF-2のRIO、マイク・ピーターソン少佐は説明してくれた。
「2000ポンドJDAMは建物を粉砕するのには有効でしたが、いつも望みどおりの結果になるとは限りませんでした。Mk80シリーズは重量が増えるほど、炸薬の割合が高くなります。2000ポンドMk84（重量2039ポンド、うち炸薬945ポンド）は、1000ポンドのMk83／BLU-110（重量1014ポンド、うち炸薬385ポンド）の2.5倍強力で、500ポンドのMk82（重量500ポンド、うち炸薬192ポンド）の5倍強力でした。大規模戦闘が終わってからは、副次被害が再び注目要因になったため、

2000ポンドJDAMはほとんどの目標に不適と考えられるようになりました」。
第2／3次OIFでは、F-14はGBU-12型LGBを搭載した。以下はVF-103のマット・クープ中尉の回想である。
「私たちはJDAM対応部隊だったので慣熟訓練を徹底的にやりましたが、融通性の最大化（マックスフレックス）のため、僚機のホーネットは500ポンドGBU-38型JDAMを1発と、爆弾をもう1発─普通はGBU-12でした─積むとされました。でもその後、LMavを積むようになりました。GBU-12はずっと使ってました。マックスフレックスというのはゲームの名前で、遭遇するのが測定座標のない『突如出現』してくる目標だったからです。GBU-12も副次被害の最小化に役立ちました」。

JDAMの台頭
JDAM TO THE FORE

　南方監視作戦の改訂版ROsで主役を務めた兵器が統合直撃弾薬（JDAM）だった。これは不朽の自由作戦以降、統合航空作戦センターの「御用達爆弾」となったが、理由は悪天候や照準機器の精度に左右されるレーザー誘導式や電子光学式の爆弾と異なり、投下後が完全に自律誘導式だったためである。OSWで急増した固定目標に対して実戦で正確に命中したJDAMは、標準型のMk83（1000ポンド）、BLU-110（1000ポンド貫徹型）、Mk84（2000ポンド）、BLU-109（2000ポンド貫徹型）無誘導爆弾に、GPS誘導制御ユニット（GCU）と弾体中部ベントラルストレーキと操舵翼付き尾部ユニットを装着したものである。
　精密誘導兵器の先進メーカー、ボーイングにより1990年代後半に開発されたJDAMは、ほかのGPS誘導兵器（AGM-130やEGBU-15）とは異なり、投下後の誘導が完全自律式だった。一度投下されると、方向転換や照準データの更新入力は不可能だった。
　「基本型」JDAMは「準精密」兵器として構想され、爆弾のGCUは三軸式慣性航法システム（INS）とGPS受信機により、事前または飛行中の照準設定機能を備えていた。INSは万一GPSの衛星受信が故障または妨害された場合のためのバックアップシステムだった。
　GPS誘導装置を根幹とするJDAMは、機上GPSシステムを装備した航空機でしか運用できないが、これはGPSが算定した目標位置と投弾点の二つの座標を爆弾側にダウンロードしなければならないためである。つまり投下された爆弾がGPS信号を受信しつづけているかぎり、母機のINSはできるだけ正確な精度を維持しなければならなかった。このように爆弾に照準点と意図弾道と命中角度をプログラムするため、母機にはMIL-STD 1760デー

タ転送バスと専用のパイロン配線が必要になった。

　1997年に初度作戦能力を達成したJDAMは、1999年にセルビアとコソヴォで行われた同盟の力作戦におけるNATO主導の空爆作戦で前線デビューを果たした。その後、OSWで急速に使われるようになったが、最も頻繁に使用したのは海軍で、不朽の自由作戦に参加した海軍のさまざまな空母のホーネット部隊の活躍により注目を浴びるようになった。JDAMがようやくトムキャットでの実戦デビューを果たしたのは、2002年2月のやはり不朽の自由作戦で（2000ポンドGBU-32V（2）型のみで、搭載機種はF-14Bに限られた）、F-14Dが初めて使用したのは OIFの直前だった（A型トムキャットはデジタルデータバスがなかったため、JDAMを運用できなかった）。

　不朽の自由作戦で驚異的な精度を示しただけでなく、本兵器は高高度の水平飛行からでも投下できたので搭乗員の人気が高かったが、これは機体がいかなる対空砲や地対空ミサイルの脅威にもさらされずにすむからだった。投下機の高度と速度にもよるが、理想的な条件ならばJDAMは目標から最大24キロの地点からでも投下できた。

　2002年秋のOSWでLGBの不甲斐ない照準失敗が相次いだが、そのひとつはもう少しで石油パイプラインを切断するところだったため、統合航空作戦センターは使用兵器をほぼJDAM一本に絞り始めた。この傾向は戦場の最終準備が整う2003年3月初めまでつづいた。

　LGBのみの爆装を禁止されたF-14部隊は、JDAM運用能力がないためOSWの最終段階の戦闘に参加できなくなり、忸怩たる思いを少なからず味わった。またトムキャット関係者は米空軍が主導権を握っている統合航空作戦センターがこれを口実にして、イラクの自由作戦の下準備であるRO反撃任務を地上基地航空隊だけに回しているとも感じていた。CVN-72の後任として2002年12月17日に北ペルシャ湾に到着したCV-64は第2空母航空団を搭載していたが、そのVF-2のある海軍航空幹部士官はこう語ってくれた。「私たちは空軍主導の統合航空作戦センターが最高の目標を空軍

1996年にLTSポッドを初めて装備した部隊はVF-103で、不朽の自由作戦後、より攻撃的な反撃方針を採るようになったOSWで、その恩恵を最初に享受したトムキャット部隊でもあった。しかし2002年9月初め、「ボックス」内である航空団幕僚RIOがバスラ北方でイラクの石油パイプラインをLGBで切断しそうになる事件が発生したため、統合航空作戦センターは直ちに戦域内のF-14に以後の爆撃を中止させた。OSWに再投入される前、VF-103はアフガニスタンで2箇月間多国籍軍を支援し、近接航空支援、前線航空統制官（機上）、TARPSなどの任務をUSSジョージ・ワシントン（CVN-73）を拠点に実施した。北ペルシャ湾入りからわずか3週間後、同艦は第5艦隊の指揮下から離れて地中海入りし、第6艦隊の指揮下で以後の展開期間を務めた。写真のF-14Bは2002年9月、北ペルシャ湾上空で訓練任務中のもの。手前の機（BuNo 163221）はTARPS仕様なので、先導機（BuNo 161422）の装備しているLTSポッドがない。（Capt Dana Potts）

部隊のために取っといてるんじゃないかと感じてました。いずれにしろ空軍にはJDAMの運用能力がほとんどなかったんです。海軍クルーたちは空軍さんがF-14みたいな空母艦載機がイラク西部の重要目標への長距離攻撃作戦を実施できたのに焦って、自分たちのために目標を出し惜しみしてるんじゃないかって思ってましたよ。トムキャットクルーたちはOSWの多国籍軍からのけ者にされた気分でした」。

「最初に直にそう感じたのは、北ペルシャ湾に戦地入りしたまさに最初の時でした。2002年12月26日に第2空母航空団のホーネット隊がアン・ナシリヤにJDAMで大規模攻撃を仕掛けました。これは4日前のプレデターUAV（無人航空機）撃墜への返礼でした。私たちも心底から爆撃したかったんですが、戦域内じゃLGBを積んだトムキャットは全然信用されてませんでした。もうJDAMでなければダメだったんです。統合航空作戦センターは空軍機にはLGBを落とさせているくせに、私たちは禁止でしょう、まったく腹が立ちました」。

「第17空母航空団のVF-103が戦域内でLGBの投下を許可された最後のトムキャット部隊になるだろうと皆が思ってました。彼らが戦域内で命じられていたRO任務の数は少なかったんですが、そのひとつで団のお偉いさんの乗った機がLGB投下をしくじって爆弾は大はずれ、もう少しで石油パイプラインの本管を切断しそうになったんです。まったくえらい時にやってくれましたよ。おかげで統合航空作戦センターはOSWの最後までトムキャットにLGB投下は任せられないし、させないってことになってしまいました。苦い教訓でしたが、トムキャット乗りたちはオシアナの連中がほかの人も行列してる『パンチボウルにクソ』を入れやがったって、もうカンカンでしたよ。目標上空にいるのにLGBを落とせないのには、まったく腹わたが煮えくり返る思いでした」。

「当時のVF-2が実施していたOSWの無意味なソーティは大体こんな感じでした。飛ぶのはほぼすべて夜間で、暗視ゴーグルを使い、投下兵装（大抵はLGBを2発）を積んで発進してから、空軍の給油機で給油しました。たくさんある統制局のひとつにチェックインして、ヴァルウィンドウの初めに役割コールをしてから攻撃へ派遣され、TARPSかDCAのどちらかの任務を実施しました。それから大抵クウェート（の南部）へ下がって中途給油をしまし

開戦前、「ボックス」でのDCA哨戒中にKC-10から給油を受けるVF-2のF-14D、BuNo 159613。2003年2月末。幕僚パイロットのデイヴ・グローガン少佐によると、第2空母航空団は南方監視／イラクの自由作戦で給油機に大きく依存していた。

「OSW／OIFにおけるソーティ実施で最大の制限要因は、海軍航空隊の場合、現地での空中給油機の可用性でした。しかも『コニー』から作戦行動をするのはさらに大変で、というのもCV-64はペルシャ湾に展開していた3隻の空母のうち、最南端にいたからです。私たちはいつも燃料がギリギリで、ガス欠を避けるため、途中給油が目標への行きと帰りの両方で必要な時は、とにかく要領のよさが欠かせませんでした」。(PH2 Dan McLain)

またもや空振りに終わったOSWの哨戒任務後、LGBをラックに積んだままCV-64へ帰投する「バレット111」。2003年1月。LGBを装備するF-14は当時、統合航空作戦センターから疎んじられていた。(VF-2)

た」。

「時々RO任務の呼び出しがかかりました。定期的にエイワックス統制官から『投下隊』希望者のコールサインが読み出されると、その機は無線を別の周波数帯に変えさせられ、しかるべき目標情報をもらいました。お呼びでない機—大抵はVF-2のF-14—は、母艦に帰ってくれと言われました。果たすべき任務を与えられないってのは、フットボールで最下位指名される感じでした。ホーネット隊がJDAMですごい仕事をしてるのに、こっちは残されて高速チアリーダーなんですから」。

「この期間中、私は『ボックス』内にいた第2空母航空団機のために攻撃の総指揮をやったこともあるんですが、それは空軍の統制官からうちの隊員に無線でお呼びがかかったからです。うちの機は難なく任務をこなし、母艦に帰りました。CVIC(空母情報センター)で任務デブリーフィングの時にそのホーネットの隊員たちを見かけたんで、背中を叩いてやりました。『うちの攻撃隊』が仕事をやり遂げたのを見るのはいいものですが、何時間ものあいだ、自分で飛行前計画を立てたあとならば、なおさらです。『許可ずみのホットな』攻撃目標ももらえてたら、もっと報われたでしょうけどね。トムキャットとそのLGBが信用を失ったせいで、VF-2の隊員たちは新しいソフトウェアを導入してF-14DにJDAMが落とせるようにしてくれって、上層部に意見具申する気になったんです」。

JDAMを運用するためVF-2が要求した装備の要がD04任務テープで、これはF-14Dのデータバスを GPS誘導兵器と接続できるようにするものだった。ダグ・デネニー中佐は2002～03年のOSW／OIF作戦航海で長期間、VF-2の副隊長を務めた古参トムキャットRIOだが、彼によるとVF-2はD04を第2空母航空団に配備されるよりも前に入手しようと盛んにロビー活動をしていたという。

「2002年11月2日にVF-2が北ペルシャ湾へ向けて出航した時、私たちは来たるべき戦闘作戦に対して十分に準備を整えていました。部隊の10機のF-14Dの状態は最高で、隊員の士気は高く、もうイラク侵攻は必至だと確信していたので、これは絶好のタイミングだと思っていました」。

「展開前に最も心残りだったのは、私たちの機体にD04という新型コンピューターソフトウェアのアップグレードがまだ施されてなかったことでした。これがあればF-14DはGBU-31V(2)型JDAMの運用能力など、いろいろな素晴らしい機能がアップグ

レードできたのです。私たちは錬成期間中にD04のテストを終わらせ、機のアップグレード実装を済ませたいと強く要望しました。残念ながら試験委員会とNAVAIR（海軍航空システムズ集団）当局ではテープが予定より約2年遅れていて、しかも我々の錬成期間の最終段階にあたる2002年の中ごろ、テープに新たな問題が発見されたため、遅れはもっと大きくなりました。うちの幕僚たちと隊長（アンドリュー・ウィットソン中佐）と私は未完成のテープを航海に持っていくつもりはなかったので、とてつもなく重要なはずの戦闘用ツールを欠いたまま出発したのです」。

「北ペルシャ湾に着いてみると、OSW全体の遂行にJDAMがどれほど重要かが、すぐわかりました。またどういった全面紛争の初期段階に参加するにしても、D04がなければ危険なことも一目瞭然でした。VF-2は空母航空団の一部の上級幹部や海軍全体の反発を押しのけて、テープの引き渡しを早めるよう要請し始め、戦闘に間に合うよう、うちのF-14Dにテープを実装しようとしました」。

「お役所仕事の常で、お偉いさんが多いほど反対にあうリスクが増えるのです。D04の場合がまさにそうでした。彼らの躊躇がいろんな海事事件に根ざしたものなのは明らかでした。未完成のシステムを使用者に引き渡してしまうことの危険性や、ソフトウェアの不具合のせいで使用者本人やほかの人が傷ついてしまう可能性です。しかし私たちはテープを当時VF-2に勤務していた元武器学校教官のキース・キンバリー少佐とマイク・ピーターソン少佐に実証試験してもらうつもりでした。二人はD04の開発に深く関わっていたのです。彼らは海軍の誰よりもテープのことを知り尽くしていて、またF-14D部隊にそれが必要なこともわかっていました」。

「ペンタゴンでのトムキャット支持派による裏ロビー活動のおかげで、D04向け予算の将来分がこの数箇月以内に前倒し支出されることになり、残りのテープ試験が大急ぎで完了できるらしいことが海軍の上層部に伝えられました。このニュースを聞いた海軍作戦部副部長がNAVAIRに直ちに資金を拠出し、テープを艦隊へ届けよと命じました。VX-9航空試験評価飛行隊とチャイナレイク海軍航空戦センターのF-14ソフトウェア・サポートチームは記録的な早さで最終爆弾投下試験を終えるため、猛烈に働きました。すべての空中試験が30時間足らずで完了され、要求が叶えられたのです！」

「そして迅速行動対応チームがNAVAIR、VX-9、航空戦センターの人員から編成され、F-14Dを運用する3隻の展開空母へ派遣されてD04テープの実装にあたりました」。

「現地にD04チームが到着したころ、OIFに参加する予定の5隻の空母のうち4隻が、北ペルシャ湾か東地中海の持ち場に到着していました。そして東地中海にいたUSSセオドア・ルーズヴェルト（CVN-71）搭載の第8空母航空団に所属するVF-213のトムキャット10機が、2003年2月12日からD04でアップグレードされる最初のF-14Dになりました。チームはその後、北ペルシャ湾へ南下しました」。

次にアップグレードを受けたのはVF-2で、その後D04チームはVF-31の10機のF-14Dに取り掛かったが、これは2003年2月初めにCVN-72で北ペルシャ湾へ戻っていたものだった。12月にOSWへの参加を終えたのち、はるか東方の母港、西オーストラリアのパースへ向かっていたリンカーン戦闘群は回頭を命じられ、北ペルシャ湾へ集結しつつあった多国籍軍を補強するため、そちらへ向かった。

VF-31はD04アップグレードを受けた最後の飛行隊になったが、これは同飛行隊にとっていくつかの利点があったと、第14空母航空団幕僚、ジム・ミューズ少佐（彼はRIOとして部隊と日常的に飛んでいた）は説明してくれた。

「飛行隊には新型システムについて学ぶ時間が少ししかありませんでしたが、テープを実装してくれたNAVAIRの技術者たちは、私たちのところに来るまでに自分たちの仕事に習熟していました。VF-213の機を改修してくれた時、彼らはテープと機の任務統制コンピューターのあいだにインターフェース問題があることを発見しましたが、即座に解決して改修計画を予定どおりに収めました。VX-9と兵器試験センターの人たちも各自アップグレードキットを持ってきて手伝ってくれました。彼らがVF-31へ行ってしまうまでに、隊員たちは改修内容についてすっかり理解できました」。

「チームがリンカーンに来た時、彼らが完動品の任務統制コンピューターを2台持ってきたので、隊の機体の改修はとても早く終わりました。エンジニアがD04ソフトウェアを機体に実装するには、機体のデータバスを改造しなければなりませんでした。これはデータバスを完全に変えてしまう、後戻りのできない改造でした。もしアップグレードで何か失敗が起きていたら、VF-31はOIFから外されていたでしょう」。

現地にいたF-14D装備部隊の3個すべてが、機体の新たな精密爆撃能力を軍事作戦が始まる前に戦闘で実証したいと強く望んでいたが、2003年2月28日の夜、VF-2がまさにそのチャンスを手に入れた。怒涛の勢いでJDAMを投下した最初のF-14Dを飛ばしたのは、飛行隊の次期副隊長と目されていたデイヴ・バーナム中佐だった。

「『ボックス』内で2機分隊の先導をしていたところ、RIOのジャスティン・シュー大尉と私は担当のエイワックス統制官からバスラの軍事諜報施設にRO攻撃を実施せよと命じられました。それまでの72時間、未発のまま積みっぱなしだったJDAMを使うチャンスの到来です。あの夜は抵抗する対空砲もなく、私たちの高度で爆発するものも目にした記憶がありません。それはこの新兵器で絶対にヘマするものかと、夢中だったからかも知れません！

私たちはすんなりと目標地域に入り、HUDに行動指示記号が出た時に爆弾を投下しました。そのあとRIOと私は全体的に何てあっけないんだろうって話し合いました。二人とも意見が一致したのは、JDAMを作った人たちは爆弾投下から職人技を奪ってしまったなぁということでした。何しろ直撃させるのに目標を見る必要すらないんですから」。

「あの夜は天候がよかったので、兵器が目標に着弾するLTS映像で爆弾の命中判定は自分でしました。現場にはこの投下を記録した機も複数いましたし、建物の事前／事後の両方の状態の映った衛星画像も艦の任務後分析のために転送されました。このソーティのあと、艦内と統合航空作戦センターは吉報にわき返りましたが、これは第5艦隊と米中央軍がF-14DとJDAMとのインターフェース接続に不安を感じていて、どの程度うまくいくのか確証を欲しがっていたからでした。トムキャットが奇襲で『衝撃と畏怖』を与えるためには、両者が『特別な設定なし』で機能する必要があったんです」。

この任務で実証されたのはF-14Dはきわめて効果的にJDAMを運用できるということで、搭乗員たちはGPS誘導式の「驚異の兵器」には統合航空作戦センターと作戦を行う際、しばしばその長所を帳消しにしかねない新たな問題があることも知ったのだった。VF-2のあるRIOはこう語ってくれた。

「JDAMは複数の目標が確認されたRO攻撃を実施するのに使われました。確認はたいてい無人機によるもので、理由は非常に長時間の滞空が可能で、発見されにくい形だったからです。OSWの

第14空母航空団は2002〜03年の西太平洋長距離航海で、アメリカ海軍人気の保養慰労休暇港に2度も入港するという幸運に恵まれた。CVN-72はまず西オーストラリアのフリーマントルに停泊してクリスマスを過ごした。同艦は予定どおり2002年12月28日に母国への最終航海に出航したものの（エヴァレット海軍工廠に2003年1月20日帰着予定）、1週間も経たないうちにリンカーンは西オーストラリアへ戻って2週間の飛行甲板臨時装備改修工事をフリーマントル沖で受けるよう命じられたが、これはOIFに向けてのものだった。本艦は2003年1月6日にゲージローズ海峡に投錨し、同時に第14空母航空団は付近のRAAFピアース基地に20機を上陸させ、乗員の技量維持訓練を行った。写真はE-2Cと2機のEA-6Bに挟まれたトムキャットで、陸上基地に移された4機のうちの3機。VF-31はピアース基地から爆撃訓練を行い、同艦が北ペルシャ湾に向けて出航する1月20日までに帰艦した。（Cpl Gary Dixon）

目標のほとんどは不確実な性質のものでしたが、それは移設可能だったり、自走式だったからです（レーダーや通信用の車両、ミサイル発射台など）。目標が発見され、統合航空作戦センターが敵性と識別すると、GPS誘導兵器を使うために攻撃座標が正確に測定されます。副次被害評価（CDE）も統合航空作戦センターが算定し、目標のみが破壊され、民間人に犠牲が出ないようにします。それからRO任務が発令されます」。

「私たちが直面した問題のひとつが、統合航空作戦センターの照準とCDEに長い時間がかかることで、目標がいなくなってしまうこともよくありました。移動してしまった場合、たとえそれがわずか数百メートルでも、すべての手順が最初からやり直しです。航空機搭乗員には当時、自分で目標を識別する権限がありませんでした」。

「統合航空作戦センターがJDAMを好んだ理由は、自分たちが目標の識別と座標の提供をできるからです。それなら飛行機はダンプカーと同じになるわけで、識別や搭乗員による誘導は不要になります。要するに搭乗員ではなく、統合航空作戦センターが攻撃者になれたわけです。残念ながらJDAMは移動目標には使えなくて、もし目標が移動してから停止した場合、新たな座標が必要になります（当時、ほとんどの戦術機はそれを算定できなかった）。私たちはLGBを抱え、攻撃が許されない目標をセンサーで捉えたままひたすら時間をつぶしましたが、これは統合航空作戦センターの処理が終わるまで目標が止まっていてくれるのを待たないと、積んでる爆弾をばら撒けなかったからです。航空隊員のイライラは最悪でした」。

「OIFが始まったころ、指揮系統の上層部にはJDAMは固定目標に最適な兵器であるという事実がわかっていない人が大勢いました。建物は動いたりしません。でも流動的な戦場で自走可能だったり移設可能な目標を指定しようとすると、事は厄介なんです。使うには目標が静止している必要があり、しかも空か地上にいる誰かが精密な座標を出さなければなりません。野戦用システムでこうした座標を算定できる機材は少ししかありませんでした。それでもJDAMは良かったんです。天気の悪い日に支援が要請された場合、ほとんどのCAS（近接航空支援）やSCAR（攻撃調整武装偵察）の任務で、LGBや、マヴェリック／ヘルファイアなどのミサイルや、20mm機関砲といった兵器よりも威力が劣っているにしても、とにかくは戦えたんです」。

「逆に私たちは建物の攻撃にLGBを使うよう命じられ、その結果、機から地上までの気象状態が悪いせいで攻撃を中止するはめになりました。こういう目標にはJDAMが最適だったんです！」。

TARPS撮影ポッド
TARPS

　JDAMのおかげでトムキャット部隊が精密攻撃の仕事によ
うやく復帰できたものの、その非公式な爆撃禁止期間中、各部隊は
きわめて重要なTARPS任務を将来の戦場の上空で地道に実施す
ることで糊口をしのいでいた。VF-2の海軍飛行士官、マイク・ピー
ターソン少佐はOSWの最後の数週間、多数の写真偵察ソーティを
飛んでいた。

「OSW中、私たちは3日に2回ほどTARPS任務を行っていました
が、OIFの前月にはこれが毎日1回に増えました。LTSポッドとそ
のFTI（高速戦術映像）機能を使って数多くの偵察任務を実施し
ました。FTIというのはLTSの画像を暗号化UHFリンク経由で地
上局へ送信するもので、これ以外にも従来型の湿式フィルムとデ
ジタル方式のTARPSの機能がありました」。

「平均的な任務では、最大25箇所の目標地域を対象として設定し
ていました。目標と状況に応じて、TARPS機を2機か、TARPS機1
機とLTS機1機を派遣しました。TARPSとLTSは配線とコンソール
パネルに共用部分があるので、F-14ではどちらか一方の仕様にし
かできません。フェリー状態ならば両方のポッドを積めますが、
片方は使えません。TARPS機とLTS機のコンビは、LTS機がFLIR
で目標を発見し、TARPS機に方向を指示してポッドのスタンド
オフKS-153カメラで高解像度映像を撮影できたので便利でした。
KS-153は解像度はすばらしいのですが、視野がとても狭いのです。
もし事前にもらった座標が不正確だったら、何も撮れないでしょ
う」。

「OIF開始の直前のあるOSW写真偵察任務で、私たちはTARPS
機の2機分隊で発進しました。主な任務はバスラ半島から進入
し、東の補給路まで飛んで、さまざまな目標を撮影することでし
た。それから南西に飛び、いくつか大きな町を通り過ぎてから、
東のクウェートへ出ました。最終目標は北ペルシャ湾のABOTと
KAAOTという石油プラットフォームでした」。

「最初の北への飛行はイラク軍陸上部隊の集結状況を見るもので、
クウェートと北ペルシャ湾に集結しつつある部隊の存在に対し、
彼らがどう反応しているのかを評価するためでした。こちらが
知りたかったのは、それらの地上部隊がOIFの開戦に反撃する
ために集結してるのか、それともその地域に数週間前から大量に
ばら撒かれていたビラに書かれていた指示に従ってるだけなのか
でした。その種のビラに印刷されていた指示は、OIFが始まった
場合、兵士たちが我々の指示にどの程度従う意思があるのかを評
価するためでした。その日はよく晴れていたので、その地域の目
標が全部きれいに撮れました」。

「それから南西に変針し、アッ・サマーワとアン・ナシリヤの周辺
の目標をめざしました。次の撮影目標は既知のSAMリング内に
位置していたので、特に面白かったですね。目標がリング内のこ
とも時々あったんですが、そうでない場合、目標が地対空ミサイ
ルそれ自体ということもありました！　TARPS映像ではリング
内の発射台や支援装備の数を評価しますが、彼らの現在の編成や
予想される作戦能力も見ました。SAMリングに突っ込む時は『撮
り逃げ上等』で、レーダー警戒受信機（RWR）に注意し、分隊機同
士が目視で見張りつづけます。RWRに『ギザギザ』がなければ、残
りの目標をめざしてクウェートへ突き進みました」。

「イラクとクウェートの国境に着く時はフィルムも燃料も残って
いるのが普通なので、第1海兵隊海外派遣軍（MEF）に『非公
式要請』された気になる追加目標を撮ることもよくありました」。

「戦域内では作戦前の戦力整備時に、偵察機材の取り合い競争が
激しくなります。現地の無人機と有人偵察機を総動員すれば、誰
もが自分の要請が通ると思うでしょう。実際は目標選定段階で
多くの要請が落とされて、偵察機には優先順位の高い目標が指定
されるんです。OIFの準備のため、クウェートにいた第5軍団と第
1MEFを訪れたある連絡飛行で、彼らにTARPSとFTIの機能だけ
でなく、うちの部隊の前線航空統制FAC（A）計画についても説明
したんです。第5軍団も第1MEFも自分たちの要請を引き受けて
くれる偵察隊がいなくて困っていると言ってました。具体的に
彼らが欲しがっていたのは、注目していた国境周辺基地の偵察映
像で、それで各地で予想される抵抗を判定したり、各地域のイラ
ク軍の動静を写真で把握しようとしていたんです」。

「私たちはこれらの地域ならほとんど毎日公式に命令された越境
偵察任務で飛んでいるし、ほかのLTS装備機任務でもそうだと言
いました。彼らはそれぞれの『お尋ね者リスト』をくれ、要請さ
れた映像を撮るため、私たちは裏の偵察ショップを立ち上げました。
私たちはいつも航空任務命令で指定された目標を最初に撮影し
ましたが、『余り』のフィルムがあれば通常のチャンネルは通さず
に陸軍と海兵隊に直接支援を提供しました。こうした映像はで
きるだけ頻繁に提供しました」。

「クウェートを出てから母艦へ戻るあいだに、北ペルシャ湾で2基
の巨大な石油プラットフォームの側を通ったので、そこに配置さ
れていたイラク軍の詳細な映像を撮影し、そのプラットフォーム
のきれいな全体写真を特殊作戦部隊（SOF）の事前攻撃計画のた
めに撮りました」。

　OSWの最後の数箇月にVF-2が地上部隊と確立した密接な連
携関係のおかげで、同隊はクウェートの迅速精密照準システム
（RPTS）局の設立に貢献したのだった。同飛行隊はRPTSの多国
籍軍機上分析班と多国籍軍地上部隊司令部の組織内への統合に
も一役買ったのだった。固定式のRPTS局はいくつもの移動局と
データリンクされ、イラク上空を哨戒するVF-2とVF-31のFTI装
備型F-14DからのTARPSとFLIRの映像を準リアルタイムで送受
信できた。

（左ページ写真）長年にわたり、OSWにおけるF-14の最も重要な役割は、簡
易固定式のTARPSポッドを使っての写真偵察プラットフォームだった。写
真はVF-2のF-14Dに装備されたもの。後方右側のフェニックスミサイル用
の第5ステーションに固定されたこのポッドは、元々は「湿式」フィルムカ
メラ2台（その後デジタルカメラに換装）と低照度時／夜間偵察用の赤外線
ラインスキャナー1台（OIF前に撤去）を搭載していた。重量約800kgのこの
ポッドの装着によりF-14が受けた性能的な代償は、何といっても後方の
ナセル間ステーション（トンネル）にミサイル／爆弾が積めなくなることだった。また
TARPS装備機はLTSも装備できなかったが、これは両システムがトムキャ
ットの同じ配線とコンソール部を共用するためだった。TARPSは艦
隊で2004年末まで使用され、使用期間の終盤には主に3種類のポッドが使
われていた。第一は旧来の「湿式」フィルムポッド、第二がデジタルカメラを
使用して撮影画像をコクピットで見たり、空母やその他のLink-16対応機へ
暗号化UHFで転送できるTARPS DI（デジタルイメージング）ポッド、そし
て第三が有効範囲内の受信局へ画像を自動転送するデジタルカメラを搭載
したTARPS CD（コンプリートデジタル）だった。OIFに参加したマイク・ピ
ーターソン少佐は2002～03年にVF-2が本任務に使用する機体をどう選択
したかを語ってくれた。

「飛行隊の全機がTARPS対応仕様というわけではありませんでした。なぜ
なら飛行中にポッドを与圧するため、環境制御システム（ECS）が改修さ
れた機体である必要があったからです。隊の整備班は航海中、10機あるF-14の
うち少なくとも6機を常時飛行可能に保ちつづけるのに手一杯で、ECSの改
修を全機にする時間的余裕はありませんでした。私たちはポッドのスイッ
チ類をいじりすぎないように、『壊れてねぇなら直すな』の原則をかたく
なに守りました。通常はTARPS常設機が1機あり、ほかにTARPSに『好適』
とされる機体が2機ありました。もしポッドの取り付けをゼロからすると
なると、デッキエレベーターをTARPSショップから飛行甲板まで確保できた
としても（これが足かせになることもよくある）、飛行機の位置と稼働率
にもよりますが、機体への取り付けは1～2時間かかるでしょうね」。

役割分担
SHARED WORKLOAD

　1月末にエイブラハム・リンカーンが北ペルシャ湾に復帰すると、OSWの任務は第2および第14空母航空団で分担されることになった。両航空団の幕僚たちは直ちにOIFの一環としてイラク侵攻の準備に着手し、イラク陸軍の打倒に遠征する多国籍軍陸上部隊を最大限に支援する方法の策定に取り組んだ。第14空母航空団のジム・ミューズ少佐はこの重要な作戦段階に深く関わっていた。

　「私たちが北ペルシャ湾に戻ってみると、コンステレーションも展開していたので、OSWの任務はこの2個航空団で分担することになりました。ところが統合航空作戦センターは私たちの『ボックス』内での飛行時間を増やそうとしていました。以前の航空団は10機から12機からなる航空機パッケージを1個、イラク南部に1時間半から最大3時間派遣していましたが、それは1日あたりでした。開戦の準備として統合航空作戦センターが私たちに活動範囲を大幅に増やすよう求めてきたので、北ペルシャ湾にいた各空母は『ボックス』内に搭載機をほぼ常駐させることになりました。これは自分の空母が当番の時間帯はずっと完全定数のパッケージを何度も発進させるということで、飛行量は相当なものでした」。

　「リンカーン艦長のジョン・ケリー少将が第50空母任務部隊（北ペルシャ湾にいた空母全3隻を統括）の司令官に任命され、専任の幕僚が招集されて飛行スケジュールの重複回避、警報発令、補給の進行その他すべての詳細業務の任に就けられ、空母のうち1隻が艦載機を常時発艦できる態勢が確立されました。『コニー』の第2空母航空団は夜間担当を明確に志願していたので、全員がそれに合った時間感覚になれるよう、早々と夜間任務に割り当てられました。そういうわけで私たちは昼番の船になり、キティホークが来たらその第5空母航空団と昼間任務を分担することになりました」。

　「CV-63が北ペルシャ湾に到着すると、米中央軍はペルシャ湾空域における諸問題について話し合う会議を開き、大規模な戦闘に臨むにあたり、何をどう変えるべきかを考えました。航空機はカタール、UAE、ディエゴガルシア基地、バーレーンに加え、北ペルシャ湾の3隻の空母からも飛んできます。作戦初日の夜、文字通り数百機の飛行機が密集し、イラクをめざして全機で北へ向かったのです。サウジアラビアの空域を使うことになるのかは、まっ

スウェーデン製のBOL LAU-138兵装レール／チャフディスペンサーのデモ飛行前点検を行うVF-2のマイク・ピーターソン少佐。CV-64艦上にて。これはAIM-9Mの発射レールでありながら、160発のBOLチャフまたはBOL IRのいずれかを装備できる。この発射レールはOIFでFAC（A）／CAS任務を行うF-14にとって非常に有用だった。F／A-18Cは60発の使い捨てデコイを搭載できたが、3本のBOLレール（通常配置）と排気口の間から射出される60発の使い捨てデコイの計540発をF-14は陸上飛行時、常時装備していた。これは可視フレア、低視認度フレア、通常型チャフ、BOLチャフ、低視認度BOL IR、GEN-Xを混載していた。（PH2 Dan McLain）

(写真上) OIF前の訓練任務後、CV-64に着艦するF-14D、BuNo 163418。(PH2 Dan McLain)

(写真下)「トムキャッター101」に給油しているのはVFA-115のF/A-18E、BuNo 165784で、アエロD704空中給油ストアを機体のSUU-78センターラインパイロンに装着し、給油機に仕立てられた。写真は2番機のF-14DにRIOとして搭乗していたジム・ミューズ少佐の撮影。2003年初め、あるTARPS任務にて。(Lt Cdr Jim Muse)

2002〜03年にVF-31のCAG機だったF-14D、BuNo 164601が何事もなく終わった「ボックス」内の哨戒飛行終了後、着艦フックを下ろす。2003年2月。1992年4月17日に海軍に引き渡された本機は、ミラマー基地のVF-124に同隊が解隊される1994年9月まで在籍していた。BuNo 164600（前ページ写真下）同様、BuNo 164601はその後VF-100に所属して東／西海岸の両方で使用されたのち、2000年初めにVF-31に移籍された。本機はBuNo 164600から「トムキャッターズ」のCAG機を引き継ぎ、VF-31がF-14Dを退役させた2006年初めまでその塗装だった。OIF中、BuNo 164601は19発のLGBとJDAMを投下した。(Lt Cdr Jim Muse)

たく不明でした」。

「その空域の管制を簡略化するため、不朽の自由作戦で大変効果的だった『ドライブウェイ』方式を導入することになりました。この方式では全機が幅約24キロの回廊を使うのですが、こうすると速度に関わらず垂直、水平方向とも邪魔し合うことがなく、ハイウェイに乗っているように北へ向かう機は左右のどちらかに寄り、南へ向かう機は反対側に寄ります」。

「この方式を整えるのには少し時間がかかります。私たちは全員が本番のレイアウトをできるだけ早く使いたいと思っていましたが、クウェートとサウジアラビアとイランのあいだの空域に出入りするすべての民間旅客機の通交が関係してくるので、使いたいレーンを全部設けるのは無理でした」。

「統合航空作戦センターは結局この新方式を『段階的実施』することになりましたが、これが実のところ自分が正しい道を飛んでいるのかよくわからないという事態を生んでしまいました。というのは回廊の設定がしょっちゅう変わっていたからです！ 私は航空団の『スマートパック』編成作業で、同じ『空域』の設定を繰り返しいじりつづけていたので、頭が変になりそうでした。『コニー』の人たちには本当に悪かったと思います。彼らは夜に飛ぶわけですが、空域設定の変更が発効するのは大抵、彼らがヴァルウィンドウの真っ最中の時だったからです。作戦の開始前や期間中に北ペルシャ湾でニアミスが起こらなかったのは、まさに奇跡でした」。

戦場準備
BATTLEFIELD PREPARATION

　OIFの開始直前、北ペルシャ湾のトムキャット部隊全3個（VF-154は2003年2月末に第5空母航空団とともにUSSキティホーク（CV-63）で到着）は、OIFの戦場準備の一環として「ボックス」内の既知目標に対する一連の精密攻撃を大幅に強化した。近接航空支援航空団とされた第5空母航空団は、バスラ周辺の共和国防衛隊の兵舎、司令部、指揮統制施設、移動式ミサイル発射台、対空砲基地などを攻撃した。

　3月19日の夜、第2、第5、第14空母航空団に加え、米空軍とRAFの飛行隊がイラク西部のきわめて重要なH2およびH3飛行場への長距離任務を支援したが、これには地上のSOF（特殊作戦部隊）も参加した。この任務に参加したVF-2のあるRIOはそのソーティについて以下のように語ってくれた。

　「私はCV-64を発進した2機のF-14Dの一方に乗っていましたが、これはイラク西端の飛行場に対する事前計画作戦を支援するためでした。パイロットと私は発進から着艦までを8.6時間と日誌に記録しました。この任務にはSOFの地上部隊に加え、その夜一晩中飛び回っていたA-10の数個分隊にF-15E、F-14A／D、エイワックス、専用給油機など、各種の戦術機が参加しました」。

　「私たちの任務は初期進入のあとに戦闘区域へ出現し、戦術機部隊の統制を引き継いで地上部隊が目標に向かえるよう支援することでした。作戦がどの段階にあるのかを知るため私たちが状況把握を開始したのは、3～400キロ手前で無線交信ができるようになった直後でした。Link-16 JTIDS（統合戦術情報資料配布システム）は計り知れない価値のある装備で、自機の無線やレーダーを使わなくても、私たちはパッケージ全機のデータリンクを受信できました。音声から状況は計画どおりに進んでいるようで、各機は配置に着こうとしていました」。

　「私たちが接近したところ、VF-154のあるF-14Aが何らかの理由で交代を求めているのが聞こえました。地上砲火にやられたのか、何か故障を起こしたのかはわかりませんでしたが、その機は緊急な問題のために僚機を現場に残したまま、私たちとの交代を待っていました。私たちは直ちに現場に入り、はぐれトムキャットからその作戦のFAC（A）を引き継ぎました。彼はさっと横転すると飛び去り、私たちはその空域で他機からのチェックインを受け付け始めました」。

　「計画ではトムキャットの少なくとも1機を現場に置いて作戦の指揮役にし、その間もう1機は国境上空に控えている空中給油機へ行って給油後、戻るはずでした。もしトムキャットが2機とも現場を離脱してしまう場合はやむをえないので、F-15Eの1機に統制を引き受けてもらう段取りになっていました。JTIDSはここでも絶大な威力を発揮し、混乱を起こすことなくパッケージの全機を必要に応じて責任空域に出入りさせたり、消灯させて同じ関連空域へ下がらせたりすることができました。さらにエイワックスに支援部隊の状況を頻繁に問い合わせなくても、私たちで交代部隊が接近してくるのを確認して、現場の分隊を離脱させることもできました。JTIDSは攻撃部隊の調整をしたり、地上目標の攻撃指示をしたりするだけでなく、いちばん役立ったのは燃料が心細くなった時に正確に給油機を発見し、必要ならこちらへ呼び寄せられることでした」。

　「初めの20分ほどでしょうか、当初状況がとても順調だったので、私たちは燃料補給のために給油機に向かい、僚機を現場に残してショーをつづけさせました」。

　「その夜の空中給油にはまた別の問題がありました。給油機はWARP（翼下空中給油ポッド）仕様で、真ん中にブームが付いていました。これなら空軍機にはブームで給油し、海軍機には翼端のバスケットを流してやればプローブに給油できるわけです。給油機にたどり着くとバスケットを流してくれたので、私たちは左側に合流しました。私たちは時間をかけて満タンにしなければなりませんでしたが、これは被弾や機械的な故障や給油で問題があった場合、代替飛行場に行くのに大量の燃料が要るからです」。

　「給油機に後ろから近づくと、まもなく三つのことが徐々に明らかになりました。①スロットルがマニュアル（ブーストなし）状態から切り替わらなくなっていました。つまり音速のトラックをパワステなしで運転するようなもので、その結果バスケットを捉えようと微妙なスロットル修正をするパイロットの負担が大きくなっていました。②機のプローブライトが点灯しませんでした。これは真っ黒なバスケットを照らして、パイロットに自分がどこにプローブを突き出しているのか大詰めの段階で見えるようにするものです。③給油機の高度が乱気流だらけだったので翼端が激しく振れて、鈍重な大型機のようでした。おかげでバスケットも時々1メートルぐらい上下しました」。

　「私は後席で暗視ゴーグルをつけたまま、プローブライトがないのでほとんど見えないバスケットをパイロットが捉まえられるよう、懸命にアドバイスしました。暗視ゴーグルで給油をするのも大変でした。あれは遠近感がすごく変になるんです。パイロットが3度目に成功したので、私たちは大喜びしました。なぜならいちばん近い代替飛行場でも私たちには遠すぎたからです」。

　「責任空域に舞い戻って使用周波数帯にスイッチを戻してみると、作戦が次の段階に移行していたのがはっきりしました。私たちの僚機は射撃を開始していた対空砲との戦闘を統制していて、A-10とF-15Eが地上のSOFの進路にあたる場所を走っていた車両を攻撃していました。私たちが直ちに現場に入って僚機から統制を引き継ぐと、僚機は給油機に向かいました。砂塵が少し落ち着く前に、私たちは地上部隊から指示された目標をひとつ、自機のLGBを1発使って片づけました」。

　「ようやく当初の戦闘が落ち着いたので、私たちは10分ほど休憩することにしました。地上部隊が次に位置確認を頼んできた目標は、彼らの現在位置から約1キロ離れた掩体内にいるのがわかりましたが、それは目的地への進路上に立ちふさがってました。まもなく目標をLTSで発見、確認しました。暗視ゴーグルで地上部隊は見えたのですが、その目標はゴーグルでは見えませんでした」。

　「LTSの投下指示に照準点が現われたのは、私たちが地上部隊の位置を飛び越したあとでした。SOFチームは君らが目標をLGBで爆撃する前にその位置を確認したいから、赤外線（IR）指示器で照らしてくれと頼んできましたが、これは目標が彼らの位置に近かったからです。暗視ゴーグルでは目標が見えないので、目視でIR指示器は当てられないが、LTSには位置がはっきり映っていると彼らに言いました。投弾許可を求めながら2度航過しましたが、もらえなかったのは、SOF部隊が私たちの投下方法に問題ありとして受け入れなかったからです。そこで新型のライトニングIIポッドを装備したF-15Eに頼むことにしました。私たちはF-15を目標上空に呼び寄せ、地上位置を彼らにも確認してもらいました」。

　「ライトニングIIを装備したF-15Eには内蔵式のIR指示器（目標を暗視ゴーグルで見なければならなかった私たちの手持ち式とは違うもの）があり、彼らはFLIRで標定した目標を照らしました。F-15が捉えた目標は味方の位置から約800メートル離れているの

このイラク西部のH2飛行場のTARPS機によるBHA写真は、2003年3月中旬の多国籍軍戦術機による攻撃からしばらく経ってから撮影された。付近のH3も爆撃されたが、VF-2のある幹部航空隊員が筆者に語ったところによると、この任務は実施されるまでに紆余曲折があったという。

「OIFの開戦前、統合航空作戦センターは早期警戒レーダーの『フラットフェイス』と『プルート』、およびその支援施設を攻撃するのに大変乗り気でした。それらはイラクの西南端、ヨルダン国境の近くに位置するH2およびH3基地にありました。サダムはこのネットワークを構築して西方の隣人たちに聞き耳を立て、イスラエルの奇襲から自国を守ろうとしていたのです。夜間作戦担当空母を拠点とするVF-2がレーダーアンテナと支援施設の両方を攻撃することになり、これらの任務は夜間のみに行われることになりました」。

「空母を発艦し、最低の気象条件のなかで空中給油し、敵地イラクの上空を600キロ以上飛んで目標に達してから帰還するのに、F-14Dの攻撃パッケージは大変な努力を要しました。時間／距離／燃料の難しい問題を解決しなければならなかったので、F／A-18Cでの往復は不可能でした。さらに悪いことに、これらの任務が行われた3月中旬の夜は天候が最悪だったのです。私たちはクウェート上空の密雲のなかで定期的に米空軍の空中給油機と会合しては給油を受けましたが、計器飛行もとても難しい気象状況でした。満タンになると攻撃隊は強い向かい風に逆らってイラク軍と対決するために突き進みましたが、これには統合航空作戦センターの意思決定者たちも同行していました」。

「結局のところ、VF-2の機にはレーダー基地爆撃の許可が下りませんでした。この任務はRO攻撃と見なされていたため、OSWの規定に縛られていたからです。私たちが統合航空作戦センターから目標を攻撃する許可をもらうには、当日に前もって原因となる事件がなければなかったのです。それから攻撃となるわけですが、攻撃現場から何百キロ離れていようが問題ありませんでした。VF-2の隊員はこうした任務に焦燥感を募らせていきました。忘れられない『惜しいけれども不合格』な事件がいくつか起きましたが、そのひとつに巻き込まれたある2機分隊は文字通り一触即発の状態になり、すんでのところで現場のエイワックスを空軍主導の統合航空作戦センターに伝えました。そのF-14の搭乗員は爆撃許可は確実だと意気込んでいましたが、またもや失望を味わって帰艦することになりました」。

「ほかにもトムキャットの2機分隊が目標上空まで来てから帰艦を命じられたことがありました。これはストライクイーグルの2機分隊（JDAMは積んでおらず、LGBしか投下できない）が代わりに目標へ向かうとコールされたからです。こうしてF-15Eが投下を許可されました。そのトムキャットクルーたちはイーグル隊が見事にしくじったと聞いて驚き、空軍主導の統合航空作戦センターが任務の割り当てでストライクイーグルのクルーに露骨なえこひいきをしてないか、前よりも疑うようになりました」。(VF-2)

が見え、私たちは兵装投下の最終統制権を地上部隊に戻し、今度は許可をもらえたF-15Eクルーが最初の航過でLGBを投下し、こちらのLTSで確認してみると直撃を決めていました。僚機が現場に戻りつつあったので、私たちは給油機へ第2ラウンドのために向かいました」。

「今度の給油機との格闘ではバスケットを捉えるのにもっとやり直しが必要で、私のパイロットは左腕（スロットルアーム）にひどい痙攣を起こしました」。

「戦闘空域に戻って僚機と合流したところ、地上部隊は目標地点に到達し、撤収準備も終えていましたが、離脱のためには敵の『主要兵站線』である道路を横切らなければなりませんでした。私たちは兵站線横断の予定地帯を徹底的に捜索し、あらゆる抵抗の可能性を探し出すよう命じられました。その道路には車両が何台か走っていましたが、どれも地上部隊の直接的な脅威になりそうには見えませんでした。すると時速約130キロ—まわりにいたほかの車の軽く3倍—は速度が出ていた文句なしの高速車両が暗視ゴーグルに映り、地上部隊へまっすぐ向かっていました。その情報を地上統制官に伝えると、そいつを片づけろと言われました」。

「目標と同じ方向に旋回し、LGBで足止めしようとしましたが、向こうはすごい速さです。LGBは2車体分手前に弾着しましたが、車は爆風にハンドルを取られて脱輪しました。車両が止まると中から4人が飛び出し、道路わきの側溝に駆け込むのが見えました。車から最後に出てきた人はFLIR映像ではかなりの高熱に見え、道路わきの側溝に倒れこんだ様子から重傷のようでした。そのグループは破壊された車をあとにして、なおも地上部隊をめざしているのが見えました。私たちがグループがどこまで横断地点にまで近づいたかを戻って見る前に、1機のF-15EがLGBを投下してその場所を『掃除』してしまい、グループはもう問題因子ではなくなりました。私たちはその後の地上部隊の離脱を援護し、要請に応じ新たに射撃指示を行ってから現場を離れました」。

「それからもう一度給油機に行かなければなりませんでしたが、これで満タンにしてもらえれば高高度をいつもどおりに飛んで船へ帰れます。給油機に戻ったころにはパイロットはへとへとでした。時間的にはもう早朝でしたが、まわりはまだ真っ暗でした。戦闘中は無我夢中でしたし、今回のフライトはかなり身体にこたえました。バスケットはひどく暴れ、燃料はあとわずかでした。代替飛行場へトムキャットを下すのは燃料がぎりぎりの状態になってからにしようと、私たちは決めました（そこで何日か足止めを食うにしろ）」。

「何度か失敗してから、一晩中マニュアルのスロットルを動かしていたせいで前腕がひどい痙攣を起こしていたのに、パイロットは何とか機をバスケットの後方約3メートルに1分間ほど落ち着かせました。『なあ、もう燃料は400ポンドこっきりだ。これでダメなら、もう行くしかないぜ？』と私が聞くと、『わかってるって。でもちょっと休まないと、上手く嵌められねぇ』と彼は答えました」。

「200ポンドの燃料で（再度10秒間、結合を試すには十分な量）、パイロットはもう一度結合を試み、見事にバスケットを捉えまし

た。燃料計の針はビンゴナンバーを指した瞬間、また戻って給油機からこちらのタンクへ燃料がどんどん流れ込んでくるのを示し始めました！」。

「とはいえまだ家路は長く、その最後に控えているのが海軍ならではの関門─夜間着艦(ナイトトラップ)です。途中で私たちはモカ味のパウダーバーを2本とスパイシーなテリヤキビーフジャーキーを1袋たいらげました。あんなメシは戦争中、もう二度となかったなぁ！ ようやく洋上に出るとパイロットは緊張を解き、すごく疲れたとこぼしました。RIOとしては絶対聞きたくない言葉ですが、その素直さは嬉しかったですね」。

「私は命懸けで彼を信じていましたし、彼が着艦できることは全然心配していませんでした。一発では厳しかったかも知れませんが。疲れにいいかと思って彼にレッドブルを2本渡しました。彼はすぐ1本を飲み干しましたが、もう1本は船に近づいてからと取っておきました。それが効いたみたいです。OK3ワイヤーだったかは覚えてませんが、私たちは最初の航過で無事着艦を決めました」。

VF-2が次なる怒涛のごときソーティを実施したのは、「衝撃と畏怖」の第1夜でのバグダッド攻撃の先鋒としてだった。

写真はVF-154のあるトムキャットRIOが自分の暗視ゴーグル越しに撮影したもののため、画像が緑色がかっている。イラク西部の某所で彼の機はKC-10の曳くバスケットにプラグインした。夜間空中給油はトムキャットクルーには好天時でも容易ではなく、OIFの期間中、いつ絶えるとも知れなかった乱気流の時はなおさらだった。VF-213のラリー・シドバリー少佐は戦時中、毎夜のようにバスケットと格闘したパイロットのひとりである。

「バスケットがプラグに嵌まる直前、ちょっと落ち着くまで待ってから、できるだけ素早く嵌めるんです。バスケットに近づく時はそーっと静かに。大きな動きは絶対に禁物です。困ったことに敵地上空で燃料はガス欠寸前、代替飛行場もないような時は、落ち着いてプラグインしようとしても焦ってしまうんです。F-14は空中給油が難しい飛行機なので、なおさらです。F／A-18ならプローブが出たらパイロットは先端をHUD越しに見られますが、トムキャットだとプローブは横に突き出します。私は合流する時は前後を注意深く見つづけて、正確に軸線を合わせます。こうするとバスケットを暴れさせる弾頭波が機体から離れるんです。F-14で給油をするなら、マスターすべき本物のテクニックですね」。

OIFの「衝撃と畏怖」段階での「アイアンジェット」バグダッド第1次攻撃隊の指揮官がVF-2副隊長のダグ・デネニー中佐だったので、第2空母航空団のブリーフィングがVF-2の待機室で行われたのも自然だった。写真はイラク首都を防御するスーパーMEZの脅威についてスライドで学ぶ全出撃飛行隊の海軍航空隊員たち。撮影は3月21日、作戦のわずか数時間前である。VF-2のRIO、ジェフ・ヴァルリナ大尉もこのブリーフィングに出席したひとりで、のちにこう語ってくれた。「この時のことはOIFでもいちばん記憶に残っています。その前のOSWのころ、バグダッドのスーパーMEZは多国籍軍航空隊員全員の恐怖と関心の的でした。何重ものミサイル防壁はソ連のドクトリンによるもので、ヴェトナム戦争時のハノイやハイフォンを彷彿させました。バグダッドへの初の夜間作戦を検討してみたところ、私たちの飛行経路は無数のSAMリングのど真ん中を突っ切っていました。私たち航空隊員が状況を甘く見ていたと気づいたのは、あの瞬間でした―実際にミサイル基地群の上空で撃たれている時ではなく。作戦開始が近づくと、おしゃべりはまもなくすっかり止みました」。
これらの地図の緑色の部分は南北イラクの飛行禁止空域を示しており、各色の円は現地の各種地対空ミサイル射程域を表している。(VF-2)

第2章
「衝撃と畏怖」
CHAPTER TWO 'SHOCK AND AWE'

3月20日未明のバグダッドへの大胆な精密爆撃を承認したため、ブッシュ政権はイラクの自由作戦の公式開戦を事前予告することになった。2機のF-117がバグダッド郊外にあった3箇所のイラク高官所有の邸宅（共和国防衛隊の複合掩体施設との説もある）に行なった攻撃は、サダム・フセインと4名の軍司令官がそれらの建物に入ったとの目撃情報を受け、急遽実施されたのだった。目標は4発のEGBU-27「ハヴヴォイド」2000ポンドLGBでことごとく破壊されたが、情報は誤りと判明し、サダムはまったく無傷だった。

OSW（南方監視作戦）がもはや過去のものとなったため、北ペルシャ湾の3個と東地中海の2個の空母航空団は、この戦闘の「衝撃と畏怖」と呼ばれる段階の実施準備をしていた。ペンタゴンの作戦立案者による正式名称をOPLAN 1003Vというこのイラク侵攻用戦術モデルは、民間施設への副次被害を最小にしながらOIFを速やかに進められるとして、統合参謀本部の幕僚がアメリカ政府に売り込んだものだった。

迅速に敵を制圧することこそが「衝撃と畏怖」の要であり、軍の司令官たちはブッシュ大統領とドナルド・ラムズフェルド国防長官に、それを実現するには開戦後の数日間に強烈な爆撃を加えるしかないと説いたのだった。多国籍軍の火力がどれほど強力かをイラク軍に見せつければ、抵抗は無駄だと悟るはずというわけである。

第2空母航空団司令、マーク・フォックス大佐は2003年2月にOIFの当初の作戦構想について上級幹部ブリーフィングを受けていたという。

「計画では大規模な空襲（『Aデイ』、または『衝撃と畏怖』の開始）による航空作戦の開始がまずあり、その数日後に地上戦（『Gデイ』）がつづくとされていました。しかし計画は紛争が近づくにつれ変化しました。『Aデイ』と『Gデイ』の間隔がどんどん縮まったのですが、その理由は大規模な空爆がつづけば、イラク軍が国内の油田や海上の石油プラットフォームをこちらの地上部隊が接収する前に破壊する可能性があったからでした」。

CV-64のハンガーデッキに上げられたばかりの20発の GBU-31（V）2／B型JDAM。各弾はアエロ12C型スキッドに載せられ、「衝撃と畏怖」の尖兵となるトムキャットやホーネットへの搭載を待つ。（PH2 Dan McLain）

「巡航ミサイルと多国籍軍攻撃機の多次攻撃からなる劈頭攻撃は、数百もの目標を連続波状攻撃で叩くもので、OIFの最初の数時間は精密兵器の未曾有の大量投入になりました。飽和攻撃によりイラク軍防空部隊を粉砕し、バグダッドの超ミサイル阻止地帯（スーパーMEZ）を崩壊させ、指揮統制中枢の結節点を破壊して地上軍のバグダッド防衛能力を低下させることが目的だったため、この劈頭攻撃は一夜の軍事行動としては破格の規模になったのです」。

「Aデイ」に既定目標を多数攻撃するにしても、「衝撃と畏怖」の対象範囲が控えめに抑えられたのは、中央軍司令官トミー・フランクス大将などの戦地の軍上層部から出た意見によるものだったらしい。彼は橋梁、水道および送電網、電話系統といった目標候補が手つかずのままだと鋭く指摘した。この方針転換が打ち出されたのは土壇場のことらしく、2003年1月末にワシントンDCから出された報告書では、作戦劈頭の48時間だけで約800発のトマホーク対地ミサイル（TLAMS）と通常弾頭型空中発射巡航ミサイル（CALCM）をバグダッド市内の目標に撃ち込む計画だった。これと並行してさらに有人機が新たな3000もの既定目標に対して追加攻撃を行うことになっていた。

しかし中央軍の戦闘統計よれば、戦争全体で使われた総計802発のTLAMのうち、3月20／21日に発射されたのはわずか320発程度で、その大半は21日の「Aデイ」バグダッド空襲よりも前に発射されていた。

第5および第14空母航空団がイラク南部で実施した少数のCAS（近接航空支援）任務と、北部での一連のDCA（防勢対航空）哨戒を除き、北ペルシャ湾にいた海軍の戦術機はOIFの開戦後36時間出動しなかったが、3月21日の日没後にようやく第2空母航空団がバグダッドに「アイアンジェット」攻撃を実施した。イラク首都の固定目標に対する「Aデイ」攻撃作戦の準備に、OIF直前の航空団作戦部はかかりきりだったとフォックス大佐は回想している。

「3月初めに統合航空作戦センターは我々の時間分担制に従って、初攻撃の任務指揮を第2空母航空団に命じました。作戦が夜間に開始され（目標に最初の爆弾が弾着する『Hアワー』は現地時間2100とされ）、丸1日継続する予定だったため、我々夜番の空母が作戦の最初の18時間を担当するのに適任とされたのです。私は航空団司令だったので、攻撃指揮は私の仕事でした。戦術機畑を歩いてきた私の人生のすべてはこの瞬間に備えるためのものであり、私はまさに正しい時と場所に居合わせた名誉に身震いしました」。

VF-2は3月21日夜のフォックス大佐の「衝撃と畏怖」計画の主役を務めることとなり、飛行隊副隊長のダグ・デネニー中佐がバグダッド上空で「アイアンボマーズ」の第1部隊を率いることになった。

「OIF初の任務にトムキャット2機とホーネット2機を率いる部隊長として参加できたのは幸運でした。うちの隊長はあの日のあとの時間に予定されていた攻撃作戦の総指揮を命じられていました。前線飛行隊の標準規定により、隊長と副隊長が別々の任務を命じられたのです」。

「私たちはバグダッド中心部の南西に位置するアル・フリヤにあった情報省のサルマン・パク無線中継送信施設にJDAMを投下するよう命じられました。私たちの兵装を有効に使うためには、街をとり囲むあの悪名高いスーパーMEZに飛び込まなければなりませんでした。これはOSW中、海軍航空隊員のあいだで伝説になっていたもので、バグダッドを取り囲む何重ものIADS（統合防空システム）の環はとても厚く、脅威分析用にイラク首都のカラー写真をプリンター出力するたびに、街自体をどんどん侵食していました！」。

「バグダッドへ向かう途中、サウジアラビアで給油し、イラク南部上空に到着したところ、現地はほとんどが分厚い雲に覆われていて、それがイラクの首都までずっと伸びていました。私たちはOIFで初めてスーパーMEZを突破する第1『アイアンボマー』隊だったので北へ向かったところ、文字通り何百発ものTLAMとCALCMの爆発で雲が照らされているのが見えました。それはOIFの『衝撃と畏怖』段階の始まりを示すミサイルの弾着でした。不規則に吹き上がる炎は嵐のなかの稲妻のようで、かかっていた雲のせいで街自体の視界がぼんやりしていました。まだサルマン・パクにはほど遠く、30分は続いた爆発を緊張しながら見ているうちに、それが私たちの目標はっきり照らし出しているのに気

VF-2のダグ・デネニー中佐（左）とカート・フランケンバーガー少佐（右）はOIFにおけるバグダッド初攻撃「アイアンボマー」作戦で示した統率力により、航空殊勲十字章を受章した。写真はイラク上空での作戦後、トムキャットでの飛行時間3000時間と2000時間（各人）を祝し、待機室で伝統のケーキカットを行う両名。二人はこの航海ではほとんど一飛行隊員として飛んだ。（VF-2）

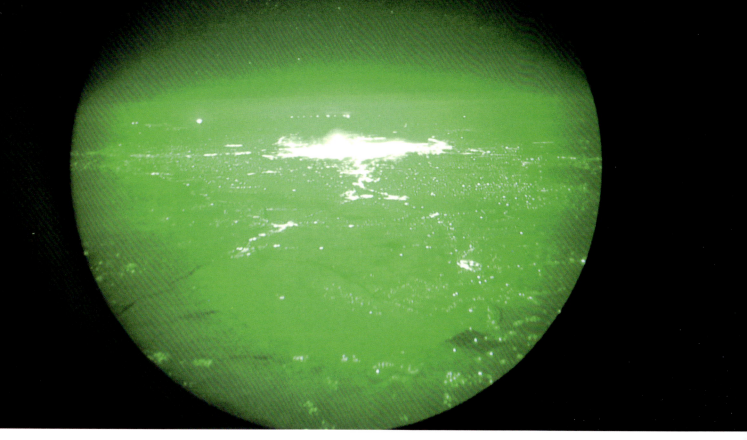

このショットの中央を占めるバグダッド中心部の煌きは、2003年3月21日にVF-2のRIO、ウィル・バーニー少佐が撮影したもの。この画像は彼が装着していたANVIS-9暗視ゴーグルの片眼越しにカメラを構えて撮影された。バーニー少佐と彼のパイロット、カート・ボールクン大尉は「Aデイ」の障害物攻撃パッケージで、デネニー中佐とフランケンバーガー少佐の僚機を務めた。以下はバーニー少佐の本任務での戦闘手記からの抜粋である。
「スーパーMEZに接近、進入すると、すさまじい対空砲火と無数のSAMを目にしたが、RWR(レーダー警戒受信機)が反応しなかったので、レーダー誘導弾はないようだった。乗機のSMS／MC(兵装管理システム／任務統制コンピューター)が故障したため、JDAMが投下の瞬間にパワーダウンし、2発の爆弾を抱えたままになってしまった。ダッシュ1はうまく投下を終え、雲でFLIRのBHA(戦闘命中評価)は使えなかったものの、雲越しに見えた2つの閃光は『いい感触』で、少なくとも爆撃が上首尾だったのがわかった。こちらは爆弾を1発海に投棄すれば最大着艦重量を下回るので、艦に戻れるはずだ」。(VF-2)

づいたのです!」
「あの段階で目にしていた爆発は、すべて目標に命中した多国籍軍兵器のもので、バグダッド防衛のために発射されたSAMではありませんでした。これで少し気が楽になったのは、これだけ容赦のない攻撃ならスーパーMEZのIADSも無傷でいられるはずがないと気づいたからです。ところが私たちが到着する前に爆発が止むとたちまち―ごく短時間でしたが―前方の夜空を縦横に切り裂くものすごい数の対空砲火と、少なくとも1ダースの無誘導SAMに警報が作動しました。イラク軍の高射砲手とSAM要員たちは地獄のような攻撃を受けたにもかかわらず、こちらのミサイル攻撃が終わったとたんに反撃するだけの余力がまだあったらしいのです」。

「目標に近づくにつれ、私は攻撃用座標を出すのに忙しくなりました。私は攻撃の実施／中止を決定しなければなりませんでしたが、問題は天候―しかも不良―と支援部隊でした。タイミングもずれ始めていましたが、これは味方のF／A-18のSEAD(敵防空網制圧)分隊が来る途中、給油機不足のせいで遅れていたからです。結局HARM装備のホーネット隊の遅れは私たちと反航航過になるほどで、こちらが目標から離れているところに、彼らは目標にHARMを撃ち込みました。遅れた理由は、彼らの給油を後回しにしたからです。味方のプラウラーの支援も現場到着が遅れ、位置が適切でなかったものの、何とかジャミングはできました。味方で唯一のSEAD専任支援部隊は4機のF-16CJワイルドウィーズル隊で、実にプロ的な仕事ぶりで、私たちの進入のためにHARMを発射すると、予定どおり離脱していきました」。

「技術的に言って、SEAD隊の全面支援なしではスーパーMEZへの進入は不可能でした。HARMが進入経路上にある活動中のSAM基地を叩いて私たちを守ってくれなければ、途中でこちらのDCA機もやられていたでしょう。護衛がたった4機のワイルドウィーゼルだけでバグダッドに行くのはとても不安でしたが、とにかく目標に突き進むことにしました」。

「作戦のこの段階では、ひたすら状況把握に努めつづけました。SAMや対空砲火はどこかとコクピットの外に目を凝らすと同時に、味方機が脱落していないか注意し、さらに回避機動のあいだ中ずっとフレアを飛ばしたり、チャフを撒いたりしてました。しかも私には味方のJDAMのために投下用数値を確実に算定する責任がありました。そもそも私たちが危険をおかしていたのは、目標に爆弾を精密に投下するためだったのですから」。

デネニー中佐のF-14をこの任務で操縦していたのは、VF-2の先任士官、カート・フランケンバーガー少佐だった。彼はこう語ってくれた。

「私たちの目標への突入はまず北に向かい、それから東、それから南へと、時計回りみたいな感じでした。すると第一撃のTLAMやCALCM、そしてステルス機の爆弾が遠くで弾着するのが見えました。僚機がなかなかいいビデオを撮りましてね、目標進入をディズニーランド見物みたいに実況録画したんです。これは後日、CNNの傑作映像になりました。中高度の雲層のせいで時々バグ

ダッドの明かりが見づらくなりましたが、暗視ゴーグルをつけても、つけなくても街への絶え間ない弾着は見えました。これは私の17年の海軍勤務で初の実戦だったので、最高に緊張しました」。

「F-14Dが2機とF／A-18Cが2機という混成小隊の先導機だったので、タイミングを調整して進入開始点（IP）から目標へ突入し、兵装を投下しました。バグダッド西方のIPから投下点まで約40キロ飛行するあいだ、多数のSAM発射（10発超）を目撃しましたが、多すぎてそれ以上は数えられませんでした。とにかく自機のシステムを信じるしかなく、ミサイルがひとつも追尾して来ないのが目視でも確認できたので、気持ちを切り替えて次の1発に専念できました。それよりヒヤリとしたのは、後方にいた4機のF-16CJから発射されたHARMでした。いきなり私たちの高度のすぐ側を飛んで来たんです。発射機の位置を覚えといて、発射コールを聞き逃さないことですね」。

「JDAMは私たちの機が打った広告どおりに投下されましたが、僚機は兵装システムの故障で、まさに投下しようとした瞬間にJDAMがパワーダウンしてしまいました。私たちは離脱しようと加速しつづけ、脅威の監視を怠りませんでしたが、下からのひっきりなしのSAM発射と対空砲火で夜空はライトアップされてました。雲のせいで多少見にくかったのですが、私たちが落とした爆弾の爆発もはっきり見えました。あとはいつもの段取りをこなすだけです。燃料と給油機のいる場所の天候を心配し、船の上空で着艦経路を飛んで、それからお約束のしんどい夜間着艦です」。

デネニー中佐とフランケンバーガー少佐の両名はその後、本任務を成功させた功績により航空殊勲十字章を受章した。また任務の総指揮官だったフォックス大佐と、分隊のホーネットパイロットのひとり、ウォルト・スタンマー中佐（VFA-137隊長）もこれを受章した。

サルマン・パク攻撃を命じられたVF-2の2機以外にも、「バウンティハンター」では別のF-14D分隊がその後バグダッド西方のアル・タカダム空軍基地の厳重に防御された目標を攻撃し、2000ポンドJDAMを5発投下して飛行場を使用不能にするのに一役買った。この任務を指揮したのがVF-2飛行隊長のアンドリュー・ウィットソン中佐だった。

「衝撃と畏怖」の第一夜には、攻撃パッケージとともにミサイルで武装したF-14の1個分隊もCV-64から発進したが、これはイラク中央部に向かう第2空母航空団機に防勢対航空援護を実施するためだった。これらの機はF-14本来の戦闘兵装、AIM-54C、AIM-7M、AIM-9Mを2発ずつ搭載していた。その1機の後席に搭乗していたのがVF-2で最若手だった海軍飛行隊員、パット・ベイカー中尉だった。

「パイロットと私がCAP（戦闘空中哨戒）の持ち場をパトロールしていたところ、私はアル・サムード2ミサイルが2発発射され、南のクウェートへ飛んでいくのを発見しました。飛び方がSAMらしくなかったので、それが何なのか確かめようとしました。それらはエンジンの燃焼速度がかなり遅く、最高点に達すると燃焼が止まり、視界から消えてしまいました。私たちは暗視ゴーグルをつけていたので、ミサイルが地上から上がってくる暗赤色のロケット噴射は見えたのですが、その後エンジンが止まってまた真っ暗になったのです。暗視ゴーグルにはもう何秒か見えていましたが、すぐ夜闇に消えてしまいました」。

「ミサイルが私たちの機に向かっているのかどうか懸命に確認したところ、数秒でそれらが地対空ミサイルなのがわかりました。交戦規定によれば、スカッド、アル・サムード2、フロッグ-7、アバビルなどのミサイルが発射された場合、パトリオット部隊へ直ちにJTIDS回線で報告することになっており、またこれらは自由に攻撃してもいい兵器でした」。

3月21日夜に予定されていた第2空母航空団の第3次攻撃は、最終的にバグダッド上空の天候不良による目標不足を理由に中止された。その任務のために発艦したVF-2のF-14のうち1機は搭乗員がいずれも第2空母航空団の幕僚で、操縦をデイヴ・グローガン少佐が、RIOを航空団副司令のクレイグ・ジェロン大佐が務めていた。ジェロン大佐はかつてイントルーダーで爆撃手／航法員を、プラウラーで電子妨害士官（OIFでもEA-6Bでソーティをこなすことになる）を務め、2002年の第2空母航空団への転属に伴い、F-14へ機種転換していた。彼はこう語ってくれた。

「攻撃が中止されたのは実のところ、悪天候のため空中給油で問題が生じたためです。部隊のF／A-18の1機がプローブを折損して陸上基地への代替着陸を余儀なくされ、しかも私たちの乗っていたF-14もプローブを破損しました。さらに悪いことに空軍のF-16CJの到着も遅れました。最終的に何とかイラク領内に入ったものの、天候が悪化してきたので任務を中止しました」。

グローガン少佐にもOIF初の任務での忘れがたい記憶があった。「『衝撃と畏怖』の最初の夜でいちばん驚いたのは、イラク上空にいたものすごい数の航空機でした。どちらを見ても北へ向かうジェット機の群ればかりで、私たち全員が悪天候のなかへ向かっていました。第2航空団の2機が激しい乱気流中での給油でプローブを破損し、さらに多くの機が給油機にプラグインできなかったので、燃料が乏しくなる前にクウェートの陸上基地へ着陸地を変更しました。ジェロン副司令と私の乗機も給油に問題がありました」。

自身が参加したアル・タカダム空軍基地攻撃時のFLIR映像を確認するVF-2隊長、アンドリュー・ウィットソン中佐（左）。この攻撃はデネニー中佐の編隊がアル・フリヤにあった情報省のサルマン・パク無線中継送信施設を攻撃した2003年3月21日2100時の数時間後に実施された。ウィットソン中佐はその後アル・タカダム攻撃で示した統率力により航空勲章を受章したが、以下は受章時の感状からの抜粋である。

「5機からなる多国籍軍上攻撃機隊の総指揮官として、ウィットソン中佐はバグダッドを防衛する複合地対空ミサイル交戦領域への攻撃を見事に指揮し、アル・タカダム飛行場の目標の破壊に成功した。ウィットソン中佐の攻撃は、防御の最も厳重だったイラク首都内外の聖域に存在する敵航空戦力を粉砕せんとする多国籍軍の活動の一環だった。ウィットソン中佐は砲火の中、巧みに攻撃を敢行し、敵の兵器システムと不安定な天候に応じてタイミングと投下高度を調整した。無数の対空砲火とミサイル発射にも動じず、この飛行で5発の統合直撃弾薬を巧みに目標に命中させた」。（PH2 Dan McLain）

第14空母航空団のOIF初の夜間攻撃は「ビッグウィング」空中給油機の支援が得られなかったため、中止に追い込まれた。実際、それなしでは全攻撃機は爆弾をラックに搭載したまま変針してCVN-72へ帰還するしかなかった。攻撃を指揮していたのはVFA-25副隊長、ドン・ブラスウェル中佐で、彼はこう語ってくれた。「第14空母航空団は複数の攻撃チームに分けられ、たまたま私のチームがバグダッドの第1次攻撃隊に参加することになりました。発進前、これでは我々全員がイラクに進入できるだけの燃料が現場にないのではと統合航空作戦センターに訴えたのですが、まさにそのとおりになってしまいました」。

またリンカーンの別の海軍航空隊員は「Aデイ」の空中給油機不足による影響についての感想を述べてくれた。「OIFでうちの空母からソーティを実施するのに最大の足かせになったのは、戦地での空中給油機の可用性でした。米空軍、RAF、RAAFは最善を尽くしていたとは思いますが、ソーティ数を増やそうにも、増えた飛行機を支えられるだけの燃料を確保するのが大変でした」。燃料満タンの爆装状態でクルーを待つこの2機のF-14D（BuNo 164344と163904）はVF-31の所属機。CVN-72の艦尾にて、OIFの開始直前。手前は飛行前点検に先立ち、飛行隊整備員と機体状態について話し合うRIO。(US Navy)

第14空母航空団の戦い
CVW-14 INTO ACTION

　3月21日にバグダッドに飛来した艦載機はCV-64の第2空母航空団所属機のみで、これは後続するはずだった第14空母航空団攻撃隊の全機が給油機不足のために作戦中止に追い込まれたためである。しかし22日未明にイラク首都と周辺の目標に攻撃を実施した第2攻撃隊と第3攻撃隊にはCVN-72からの部隊が含まれ、同日のその後、リンカーン所属のさらに多くのF-14D、F／A-18C、F／A-18Eがイラク南部に進入し、航空任務命令に列挙されていた目標を攻撃した。第14空母航空団司令、ケヴィン・アルブライト大佐はそれらの攻撃隊のひとつに加わっていた。
「任務の要求内容は4機のF／A-18Eと2機のF-14Dでバグダッドの南西約65キロに位置するカルバラ地区にあったミサイル製造施設を攻撃することでした。私はスーパーホーネット小隊の『ダッシュ3』として飛びました。統合航空作戦センターが作成した航空任務命令はよくできていて、膨大な数の協同任務と数千ものソーティ予定が毎日組まれていました。給油機の航路や補給燃料量、タイミングなどがすべて網羅されていました」。

「スーパーホーネットには貫徹型を含む2000ポンドJDAMと通常型のMk84弾体を混載しました。F-14Dにはそれぞれ2000ポンドJDAMを2発搭載しました。自衛用の空対空兵装も全戦闘攻撃機に搭載しました」。
「ブリーフィング、搭乗、発進は計画どおりでした。我々は米空軍のKC-10へ向かうよう命じられ、サウジアラビアのプリンス・スルタン空軍基地から発進した海兵隊のEA-6Bも一緒でした。さらに米空軍からSEAD（敵防空網制圧）装備のF-16CJの2機分隊も同行する予定でした。全機が装備万端で任務準備を整え、時間どおりに勢ぞろいしました。これは大変なことで、この大規模航空部隊『24／7』号は統合航空作戦センターの航空任務立案者や各軍の整備担当者の努力の賜物でした」。
「攻撃パッケージが担当のエイワックス統制官と通信を確立してからまもなく、アル・タカダム空軍基地にイラク軍爆撃機―Tu-16『バジャー』1機―がいると知らされました。この飛行場は指示されていた目標から約50キロ北西にありました。統制官は爆撃機の座標をくれ、我々はそれを2機のトムキャットに転送しました。任務指揮官であるF-14D先導機のVF-31隊長（ポール・ハース中佐）は飛行中にすぐさま新しい時間予定計画を組み立て、F-16CJ隊とEA-6Bに両方の攻撃の援護をさせることにしました。

トムキャットのクルーもJDAMの照準点を再プログラムしましたが、これはこの兵器の臨機目標（TOO）モードのおかげでした」。

「バグダッド地区めざして北へ飛行したところ、無線が不気味に沈黙しているのにびっくりしました。またイラクの防空部隊も沈黙している様子なのにも驚きました。南西から接近したところ、バグダッドが見えてきました。暗視ゴーグルを装着すると、どんな兵器の発射でもすぐわかるのですが、何の動きもありませんでした。でもすぐそれは一変しました」。

「トムキャット隊が目標に接近したので、F-16CJ隊はイラク軍の防空レーダーに対してHARMを発射する準備をしました。F-16CJから放たれたミサイルが、約30キロ南西に離れていた我々の位置からもよく見えました。HARMが先を争うように目標へ向かうのを見て、その凄まじいスピードに圧倒されました。F-14D隊への援護発射を終えると、F-16CJ隊は素早く南東に移動し、F/A-18E隊の護衛につきました。プラウラーのクルーたちは既定の周回飛行に入っていて、両方の目標をほぼ同時にカバーしていました」。

「トムキャット隊が目標に到達したのは、我々がちょうど進入開始点に着いた時でした。スーパーホーネットは前方視界が良いので、私がこれまで見た中でいちばん凄まじい二次爆発を4機はしっかり目撃しました。トムキャット隊が爆撃機を『直撃（ジャック）』したのは明らかで、その機は燃料と兵装を満載していたのでしょう。このJDAM攻撃にアル・タカダムの防空隊の全員が頭に来たらしく、激しい対空砲火と弾道SAMが撃ち上がり始めました。幸いトムキャット隊はまったく被弾せずに離脱できましたが、少なくとも1発のSAMが彼らの編隊から数百メートル以内に迫ったので、2機分隊を解きました」。

「編隊の全機の無線交信の仕方には感心しました。航空隊員たちはSAMや対空砲火について落ち着いた明瞭な声でコールし、先導機に各自の意図を報告しつづけました。おかげで全隊が一体となって攻撃を完遂できたのです」。

「F/A-18Eは割り当てられた目標をF-14Dの約3分後に爆撃しました。点呼を終えて、8発の兵装が投下されたことを確認すると、全パッケージは南東へ離脱を開始しました。スーパーホーネット小隊では帰路にSAM発射を複数目撃しましたが、どの機も目標追跡レーダーの警報は作動せず、我々を追尾してくるSAMもありませんでした。バグダッドの南地区でかなりの対空砲火を目にしましたが、実施中だった多国籍軍の大規模攻撃による二次爆発も多数見られました」。

「任務後給油点への帰路は何ごともなく、我々は任務を見事に果たし、発進から4時間後に帰艦しました」。

アル・タカダムのTu-16への報復攻撃を実施するため、任務中にルート変更をしたVF-31機のように、VF-2でも3月22日にバグダッド行きのパッケージにいた2機編隊が別の任務に転じていた。キース・キンバリー少佐（パイロット）とデイヴィッド・ヒューズ少佐（RIO）はトムキャット、ホーネット、F-16CJ、プラウラーからなる混成部隊をバグダッド南部へ先導していたが、米陸軍のブラックホークヘリコプターが彼らの現在位置からそう遠くない敵地に不時着したとの無線を耳にした。キンバリー少佐は直ちにエイワックス統制官を通じ、救難任務指揮官になることを志願した。彼は自らのF-14の2機編隊を率いて事故現場へそのまま向かい、UH-60の上空に着くと下にいたクルーたちと連絡をつけた。不時着したヘリコプターの全乗員の身体状況と位置を確認すると、キンバリー少佐とヒューズ少佐は直ちに戦闘捜索救難パッケージを10機以上召集した。その後2時間、彼らは不時着搭乗員たちの安全かつ迅速な救出のため、乗機が敵砲火にさらされるのも意に介さず、各機の協同作業を監督した。キンバリー少佐とヒューズ少佐はブラックホークの全乗員を無事救助した功により、航空勲章を受章した。

終戦までの絶え間ない任務のなか、キンバリーとヒューズの両少佐はその後、4月6日の困難を極めたバグダッド国際空港周辺でのFAC（A）任務により、航空殊勲十字章を受章した。OIFにおいてトムキャット搭乗員に与えられた航空殊勲十字章はわずか4個だったが、そのすべてがVF-2の海軍航空隊員に授与されたのだった。

JDAM一辺倒
JDAM MONOPOLY

　OIFの最初の3日間、VF-2とVF-31の20機のトムキャットは、ほぼ毎回2～3発の2000ポンドGBU-31をフェニックス用パレットを改造した懸吊架に装備してソーティを行った。本紛争の短い「衝撃と畏怖」段階にF-14Dが貢献できたのは、OSWの最後の数週間に行われた本機をJDAM対応機に変える取り組みの成果だった。航空隊員もそのシステムの簡便性を特に緒戦でのイラクの敵地上空での運用時に高く評価していたと、第2空母航空団のグローガン少佐は認めている。

「JDAMはとても使いやすい単純なシステムで、トムキャットの前席にサルを乗せても、そいつはこの兵器の命中精度を引き出すのに十分な任務手順を飛んでくれるでしょう！　まったくこの兵器は任務時の照準段階が、『衝撃と畏怖』で遭遇した対空砲火やSAM攻撃の度合いを考慮しても、実にあっけないんです」。

　搭乗員にとってJDAM任務で最も重要なことは、目標の座標を正確にコピー入力したかを確認することでした。座標をもらうのは発進前ブリーフィングか、イラク上空に上がってからのどちらかでした。座標はRIOと私の両方で二度ずつチェックしてから、任務統制コンピューターを使って爆弾に入力しました。私のOSW／OIFでの経験では、JDAMシステムの唯一の弱点はデータ入力段階でした」。

「JDAMの実際の投下地帯は最大距離から最小距離までの幅が非常に大きいのが普通だったので、可能ならば投下スイッチを叩くまで、できるだけ目標の近くまで持って行きました。トムキャット関係者は『投下ボタン』を叩いてLGBを投下する前に、目標をLTSとFLIRで目視確認するのにすっかり慣れていたので、JDAMを厚い雲の上から見えない目標に落とすのに、当初ものすごく違和感がありました」。

「固定目標に対する信じられないほどの正確さだけでなく、JDAMは戦闘でけた外れの信頼性を発揮しました。甲板上で機に乗り込むと、すぐ兵装の相互操作性を点検するのですが、爆弾がGPS座標を正しく読み取る能力に少しでも異常があると、すぐ飛行前テストでわかりました。発進前の主力機に整備上の問題があっても大丈夫なよう、私たちは爆装していつでも出せる状態の予備機を最低でも1機用意していました。艦の弾薬庫から『不良品』の爆弾を引いてしまったため、機を乗り換えたのはOIF中に一度だけでした。それがF-14の接続を受け付けなかったので、そのまま機を乗り替えて発進手順を再開しました」。

　第14空母航空団のジム・ミューズ少佐も「衝撃と畏怖」の終盤にGPS兵器を使用したが、搭乗員たちはJDAMの任務兵装点検の多くを機に向かう前にすませるのが普通だったと筆者に語ってくれた。

「JDAMでは飛行前の段取りが目標上空での操作よりも大変で、それはLGBも同じでした。空に上がるとJDAMの攻撃形態はいろいろありますが、それは対象になる目標で決まります。もし目標が垂直ならば低い角度から投弾したいですし、水平ならば急角度から当てたいところです。各高度ごとに決まった投弾パターンがあるので、攻撃目標に合わせて適したものを選びました。VF-31のクルーは何をするのか前もって知っているのが普通だったので、当然JDAMの調整は発進前に行いましたが、この兵器のTOOモードを使えばソーティ中に任務要求が変更されても、空中で座標変更ができる融通性がありました」。

「私がOIFで最初にJDAMを落とす時に、この融通性のテストをすることになりました。VF-31は開戦後2～3日のあいだは、ほとんど固定目標を攻撃していましたが、私が出撃した3月23日には戦闘はCAS（近接航空支援）段階に入りつつあったのです。またその時もらった『投弾目標』リストには掩体、建物、既知のSAM基地などの座標が入っていました。この延々とつづくリストに取りかかれるのは、バグダッドへ進撃する地上部隊が私たちの爆弾の支援を必要としない時だけでした」。

「イラク南部上空に到着後、エイワックスにチェックインしたところ、戦車が報告された場所を指示されました。戦車がいるはずの地域をくまなく捜索しましたが、1両もいなかったので、統制官にこちらには投弾リストに指定平均弾着点（DMPI）があると告げて、代わりにそれを攻撃する許可を求めました。これがすぐ認められたので、私たちは目標のある北へ向かいました」。

「そこでは激しい砂嵐が始まっていて、視程はまったくひどいものでした。行く途中で任務給油機を見つけられたのはラッキーでした。うちの船から来ていたVFA-115のスーパーホーネットの1機です。目標へ飛行するあいだ、近くにほかの機もいることは分かっていましたが、何も見えませんでした。僚機とはデータリンクでつながっていただけで、視認はできず、私は指定された高度に留まって祈りました！　あれほど心細い任務はなかったですね。高度9,700メートルから完全な視程ゼロ状態でJDAMを投下したのですが、爆弾が落下したのを感じたので、変針して帰還しました。目標には命中したと思いますが、確かなことはわからずじまいでした」。

「帰る途中、低空で道路の偵察をしてくれるジェット機を探していた海兵隊の部隊からコンタクトされました。彼らは接近中の町の北側に戦車がいるらしいので、それを確かめてくれと頼んできました。私たちは高度を下げて加速し、たくさんのチャフを撒きましたが、これはどこにMANPADS（携行型地対空ミサイル）がいるのか、わからなかったからです。川に沿って高速低高度航過を一度行ったところ、1本の浮き橋の上に大勢の人がいるのを

OIFの緒戦時にTARPS機に改修された「トムキャッター101」は、地上作戦の本格化後にLTSポッドを装着されるまでDCA（防勢的防空）任務を禁止されていた。「Aデイ」の直後、第14空母航空団の攻撃隊のCAP（戦闘空中哨戒）を務める本機に給油を行ったのは、第22空中給油航空団第344空中給油飛行隊に所属するKC-135R、62-3505。この飛行隊はOIF期間中、カタールのアル・ウデイド空軍基地に展開していた第379海外派遣航空団の指揮下にあった。米空軍は149機のKC-135と33機のKC-10をOIFに参加させ、地上戦期間中、この2機種は6193ソーティを飛んだ。どちらの「ビッグウィング」給油機も連日千客万来で、OIFでの給油量が砂漠の嵐作戦を超えたのに対し、2003年に戦地にいた給油機は当時の三分の二にすぎなかった。(Lt Cdr Jim Muse)

発見しました。私たちの低空航過に驚いた人々は橋から四方八方へ逃げ出しました。橋が爆撃されると思ったのでしょう」。

「下の方はとても気流が荒れていて、視程も良くなく、実を言うと敵の対空砲やSAMの射程内を飛ぶのはちょっと怖かったです。それまでイラクでこんなに低いところを飛んだことはありませんでした。もし天候が良かったなら、その地域をまったく安全な高度6,000メートルからLTSで探ることもできたのですが。ここでも戦車は1両も見つからず、私たちは帰投し、海兵隊も結局そこを突破しました」。

聖書に出てくるような激しい砂嵐がイラク南部と北ペルシャ湾を吹き荒れつづけた3月25日まで、OIFの「衝撃と畏怖」段階は順調に進んでいた。それ以降、トムキャットクルーのほとんどはバグダッドへ我先にと向かう地上部隊の支援にあたることになった。

「衝撃と畏怖」初期の任務の終了後、投弾を終えたVF-2の攻撃機がCV-64の上空で合流したのはAIM-54Cを積んだDCA（防勢的対空）任務機。第2空母航空団は第50空母任務部隊の夜間当番空母の搭載部隊だったため、VF-2の航空隊員がOIFで作戦飛行中に太陽を目にすることはほとんどなかった。マイク・ピーターソン少佐によれば、「『遅番』任務はVF-2の搭乗員にとって諸刃の剣でした。OIF中、北ペルシャ湾の夜番空母だったため、艦全体が昼夜を逆転させて、航空隊員の生活リズムを夜間作戦に合わせていました。隊員が朝食を食べるのは1830ごろで、昼食は真夜中、夕食が朝になり、睡眠はほとんど日中にとっていました。航空任務命令の後半を担当するということは、着艦が日の出時かそれ以降になるということでした。着艦が夜から朝になったのは良かったんですが、太陽を見てしまうとまた吸血鬼みたいな生活に身体を戻すのに何日もかかりました」。(VF-2)

低く垂れこめた密雲を抜けてCV-64へ着艦降下するのに先立ち、僚機に動作確認をしてもらうため着艦フックを下ろした「バレット104」（BuNo 163900）。本機が爆弾を搭載していないのは、兵装をイラク南部上空でのSCAR任務で投下したため。2003年3月末。3月21日未明、ダグ・デネニー中佐とカート・フランケンバーガー少佐はアル・ルトバー西方のH3空軍基地付近にあった無線施設の攻撃に本機を使用した。これはOSWにおけるVF-2最後の攻撃となった。本機はさらにOIFで16発のLGBと22発のJDAMを投下した。1991年3月24日にミラマーのVF-124に新造機として引き渡されたBuNo 163900は、1993年にVF-11に移籍された。本機は第14空母航空団の一員として「レッドリッパーズ」に留まっていたが、同隊はF-14DをB型トムキャットと交換した1997年に第7空母航空団へ編入された。これにより本機はVF-31に移ったが、同隊は第14空母航空団唯一のトムキャット部隊だった。「トムキャッターズ」として西太平洋勤務を一度だけ経験したBuNo 163900は1999年にVF-2に移籍され、「バレット104」としてさらに3次の作戦に参加した。2003年中盤にVF-2がF／A-18Fへ機種転換したため、本機はVF-101に移籍され、そこで今も現役である。(VF-2)

第3章
戦場の形成
CHAPTER THREE SHAPING THE BATTLEFIELD

　前章で少し触れたように、多国籍軍のOPLAN 1003Vでは、イラク国内の重要固定目標に対する数日間の爆撃ののちに地上戦を開始することになっていた。しかしこの計画は結局のところ圧縮され、地上戦の始まる「Gデイ」が実際には「Aデイ」に先行してしまった。米陸軍第5軍団の機械化部隊と米海兵隊第1海外派遣部隊（MEF）はクウェートからイラク南部へ突入し、バグダッドへ少しでも早く到達しようとしたため、統合航空作戦センターは急遽、固定目標の破壊からキルボックス阻止近接航空支援（KI／CAS）および戦場航空阻止（BAI）へのソーティ変更を強いられた。

　地上戦の本格化後、どのようにOIFで戦術機を使うのが最適なのかについて、さまざまな案が検討されたが、トミー・フランクス大将は可能な限り多くの航空機を統合させ、北へ向かう地上軍指揮官たちを直接支援する「総合火力」の総合ネットワークを構築するよう作戦立案者たちに要求した。中央軍の幕僚たちはすぐさま火力支援協同戦線（FSCL）構想を採用したが、これはジェット機、攻撃ヘリ、砲兵火砲などからなる「統合火力」の移動戦線を戦場の地上軍司令官の指揮下に置き、それら全体を統合軍航空部隊指揮官（JFACC）が統括するというものだった。

　FSCLの前方にある敵軍部隊と認識された目標を攻撃するのに地上部隊とのリアルタイムな調整は必要なかったが、FSCLよりも手前に位置する目標については、目標の存在する責任区域の地上軍指揮官との調整が必要だった。本章の随所で説明するキルボックス方式とはFSCLの更新作業を容易にするためのもので、

これによりFSCLを定義する座標を再交付しなくても迅速に変更できた。

これは紛争期間中、原則的にあらゆる固定翼攻撃機がJFACCの独占指揮下に置かれるという画期的な計画だった。フランクス大将は麾下の地上軍指揮官たちに全幅の信頼を寄せていたため、侵攻開始後に「縦深FSCL」を採用したが、これにより陸軍や海兵隊の師団長は160キロ圏内にいるあらゆる「統合火力」を指揮下に置けるようになった。この拡大版FSCLの価値は、南部での快進撃で「統合火力」線を越えてしまう友軍部隊が少なくなかったため、すぐに認められた。もしも近接航空支援に関わる戦術機を統制するのがJFACCのみだったならば、エイワックス統制官は地上部隊がどれだけ北進したかを完全に把握しているとは限らなかったので、友軍誤爆が発生する可能性はかなり大きかっただろう。

JFACCにも「縦深FSCL」戦略において役割を果たしてもらうために中央軍が考案したのがキルボックス方式だった。これは各地上軍指揮官の責任区域を30キロメートル四方の地帯に区分し、そこに指揮下の部隊が進入すると「閉（クローズド）」と宣言された。このシステムにより「統合火力」の管轄がJFACCから地上軍指揮官に移り、友軍誤爆の可能性が減少した。キルボックスが「開（オープン）」と宣言されると、JFACCはそこには友軍がいないものとし、多国籍軍戦術機が敵目標に対応できた。

第5軍団と第1MEFが北進するにつれ、KI／CASは主要任務となり、両軍はアン・ナシリヤ、アル・クート、アン・ナジャフなどの都市にあった拠点を周到に包囲し、完璧な電撃戦スタイルで一刻も早くバグダッドへ到着しようとしていた。航空戦力はこれらの敵包囲陣の戦闘機をイラクの南部と中部の都市に封じ込め、米陸軍と海兵隊が迅速に北へ向かえるようにしていた。

キルボックスが開になるのはFSCL手前の固定域なのが普通だったので、戦術機は地上部隊と直接調整をせずに目標を攻撃できた。第1MEFと第5軍団が急速に北へ進撃したため、FSCLも彼らとともに北へ移動した。彼らの両側面のキルボックスは開であり、そこに友軍はいなかったため、航空戦力はこれらの脆弱な地域の脅威を排除できた。

FSCLの前方にJFACCは機械化部隊に先立って「戦場の形成」をつづけたが、その手段は統合航空作戦センターが統括するBAI（戦場航空阻止）ソーティだった。その任務には予備戦力として集結された機械化部隊やバグダッド周辺に掩体配置された機甲部隊への事前計画攻撃、イラク首都の南方にいる共和国防衛隊が首都へ後退するのを防ぐための橋梁の選択的破壊などが含まれていた。

OIFの最盛期には近接航空支援／戦場航空阻止のために1日あたり2000ものソーティが行われたが、その大半はカルバラ＝バグダッド＝アル・クート三角地帯に追い込まれた共和国防衛隊に対するものだった。多国籍軍のきわめて効果的な統合火力戦略が功を奏し、地上部隊はこれまでにない戦術機との密接な連携を実現でき、圧倒的なM1A1／2エイブラムス戦車と攻撃ヘリとの交戦を避けるため、第2メディナ、第1ハンムラビ、第5バグダッド

VF-2のCAG機はOSW／OIFの最盛期に約49発のLGBと10発のJDAMを投下した。1990年9月30日に海軍に引き渡されたBuNo 163894は、当初ミラマーのVF-124に配備された。その後1994年9月のVF-124の解隊に伴い、VF-101の西部分遣隊へ移籍された。本機は1997年10月からVF-2で艦上運用を開始し、同隊の1999年の西太平洋勤務を「バレット109」として終えた。予定されていた高段階オーバーホールのため2000年に配備を解かれたBuNo 163894は2001年末にVF-2に復帰し、同年の「バウンティハンターズ」の西太平洋勤務後、BuNo 163901から「バレット100」を継承した。VF-2がOSW／OIF航海を完了してF／A-18Fへの機種転換を始めると、本機はVF-101に移籍された数少ない「バウンティハンター」機の1機となった。（VF-2）

第14空母航空団は北ペルシャ湾の昼間任務専用空母だったにもかかわらず、その飛行時間は正午から真夜中にまでわたったため、任務によっては日没後に飛ぶこともあった。このLGBを搭載したVF-31のF-14Dは、あるCAS任務で中途給油機をめざし南へ飛行中のもの。(Lt Cdr Jim Muse)

の各師団はその機甲部隊と機械化部隊を散開させられなかった。共和国防衛隊に残された唯一の防衛策は戦力を集中させることだったが、反面それは戦場の上空を飛び交う攻撃機の思うつぼでもあった。

「衝撃と畏怖」がまだ進行中であるのに地上部隊が急速に北進するので、海軍航空隊の幹部には固定目標攻撃から近接航空支援（CAS）への切り替えがもたつくようになったと感じる人もいた。第2空母航空団副司令、クレイグ・ジェロン大佐もそうした不満を感じたひとりだった。

「陸軍と海兵隊がバグダッドへ進撃するスピードに、戦術機を固定目標攻撃からCASへ切り替えるのに苦労していた統合航空作戦センターが追いつかなかったんです。地上戦のまさにこの初期段階にE-2がセンターの手に入ったので、現場の戦術機に変化しつづける任務内容を伝える任務に充てたのですが、その内容は地上からの生の要請により文字通り分刻みで作られていました」。

「戦争の第1週にCAS任務を仕切っていたE-2の統制官は、売り手と買い手がいる作戦という市場を仕切っていたようなものです。戦術機が売り手で、機体に搭載した兵装という形で商品を持っているとします。この賞味期限のとても短い製品を、誰がいつ必要としているかを全周波数に当たって調べ上げるのには時間がかかります。E-2の統制官は仲介者になって、地上にいる部隊が欲しがっている即戦力を見つけるわけです」。

この兵装の「納期遵守」の足かせになったのが、全OIF参加戦術機を支配していた管理統制マトリクスだった。VF-2のマイク・ピーターソン少佐はこう語ってくれた。

「イラクの空域に接近する時は、いくつもの統制局にチェックインしなければなりませんが、次の統制局にちゃんと情報が伝わっていないことが時々ありました。最初にチェックインするのが北ペルシャ湾の洋上統制官です。その次がクウェートの情報報告センターで、それから東レーンのエイワックス、それから給油用エイワックス、それから給油機本体、それから中央レーンのエイワックス、それからASOC（第5軍団の航空支援作戦センター）かDASC（第1MEFの直接航空支援センター）のどちらか、それからキルボックス行きでなければ、支援を実際に受ける地上部隊となります。どの統制官とも最初に話す時はチェックイン手続きを初めから繰り返さなければなりません。そのせいでエンドユーザーにまでたどり着くのがとても面倒でまどろっこしく、時間がかかりました」。

「さらに第5軍団（陸軍）と第1MEF（海兵隊）の担任戦場を区切る、ほぼ南北に走る線がありました。驚いたことにドクトリンにより、この二つの軍は地上部隊の支援を実行する組織や統制局が違ってたんです。陸軍のASOC（コールサイン『ウォーホーク』）は、こちらがCASかFAC（A）（前線航空統制官（機上））として地上部隊を支援する場合、お手上げになることが時々ありました。

『ウォーホーク』の統制官たちは支援機が出現すると慌てふためくことすらあったんですよ。支援機がリスト化された任務内容は、統合航空作戦センターから戦域内の全員に送られているのにです！　彼らはFAC（A）搭乗員をうまく使いこなせなくて、地上部隊の支援で、状況把握の提供と現地への投入機の編成判断が必要なら、機上FACを使うべきなのに、CAS機を持ってきてしまうんですから」。

「DASCは反対に、装備、能力、在空可能時間に応じて、CAS機とFAC（A）機を支援が必要な地上部隊にしっかりと割り振っていました。もしこちらが指定された在空可能時間内に支援を要請する部隊がいなかった場合、彼らは友軍がまったく存在しない開いたキルボックスへ行くように告げ、SCAR（攻撃調整および偵察）か武力偵察、確定交戦規定で明らかに敵と認識された目標の攻撃をさせてくれたんです」。

「要は積極的にシステムを活用して、自分が必要とされる場所へ行き、地上部隊の近くにできるだけ長く滞空できるよう、要領よく動くことです。FAC（A）有資格者の端くれとして作戦するうちに、パイロットと私はいつのまにかエイワックスの統制官に正しい戦術機部隊が正しい場所に行けるよう、提案するようになっていました。そのために私たちは地上統制官からのリクエストを集め、部隊手配の決定に役立つよう、必要な兵装を持った誰が滞空中なのか、彼らがどの周波数を使っているかをエイワックスに教えました。E-2は大したもので、誰がどこにいるかをしっかり把握していたので、私たちは問題を解決するのに時々Jヴォイスをホークアイとの裏窓口として使いました」。

「Jヴォイスはいくつかあった優秀な通信システムのひとつに過ぎません。F-14Dが装備していた何でもわかるリンク16JTIDSも同じで、おかげでトムキャットは究極のFAC（A）プラットフォームになりました。私たちの機には最大2回線の音声チャンネルがありましたが、どれを使うかは使用ネットワークの種類によりました。そのためF-14DにはUHF／VHF秘匿通信機が2台あり、その上にJヴォイス用無線機が2台あったのです。私たちは1台を別枠の飛行中通信チャンネルとして使いましたが、理由は音声がとても明瞭だったからで、ほかの無線機よりもボリュームを大きくして、小隊の安全に関わる緊急時や、分隊での注意喚起に使ってました」。

「指揮ネットのモニター用に別の無線機を使うことで、通常周波数に空き時間がない場合、周波数変更で相手を見失った場合、あるいは通話者のどちらかが接続から落ちた場合でも、エイワックスやE-2の統制官を裏口から捕まえられるようになりました。私たちがチェックイン周波数に合わせたところ、10個以上の分隊がエイワックスと指定周波数で何度も連絡を取ろうとしているのを聞いたことが一度ならずあります。そこで私たちが代わりにJヴォイスでエイワックスに話しかけ、無線の接続が切れてることを教えてやりました。彼らの返事はたいてい『さっきまでやけに静かだと思ってた』でしたよ！　10秒もすると彼らは本来の通信網に復帰し、外の世界との接続を取り戻したものです」。

「エイワックス統制官が地上の状況に応じて正しい航空部隊を正しい時と場所に適切に送るのに、あたふたしていると感じることがよくありました。同情的に見れば、彼らは航空部隊を地上戦の支援に割り振るのに不慣れでした。航空部隊をCAP（戦闘航空哨戒）などの一般的な航空任務に割り振るのには最高に上手かったのですが、普段ならほかの任務要員が担当していた機上指揮統制センター（ABCCC）の役目を果たそうとしていたからです」。

「Jヴォイスは今何が起きつつあるのかを、それが通常回線に上がる前に知るのにも大変役立ちました。指揮ネットを聞いていると、攻撃の撤収時間がいつになるのかや、誰が支援要請を出そうとしているのかが、前もってわかりました。ホーネットが僚機の場合、パイロットは私のことを超能力者だと思ったかもしれませんね。戦地のF／A-18CにJヴォイスはついていませんでしたから。『ちょっとあんた、あのキルボックスへ行くことになるのが開に（オープン）なる前にどうしてわかったんだ？』みたいなコールはしょっちゅうでしたよ」。

VF-31も地上戦の初期段階のFAC（A）任務で問題を経験していた。第14空母航空団の幕僚RIO、ジム・ミューズ少佐はこう回想している。

「私たちがOIFの初期で少々苦労したのが陸軍の支援で、理由は陸軍のFAC（前線航空統制官）の経験不足にほぼ尽きます。私たちの機が戦場に滞空できる時間は限られていますが、地上のFACがこちらが給油機を見つけに行くか、帰投するまでに目標を指示できなかったんです。これはどうも陸軍のFACが攻撃ヘリと仕事をするのに慣れていたからだと思います。ヘリは戦術ジェット機より速度が遅いですから。おかげで大勢のクルーが爆弾をラックにぶら下げたまま船に帰るはめになりましたが、原因はイラク南部の地上部隊との調整問題でした」。

「それで飛行隊待機室へ降りて行ったら、CNNでニュースの生放送をやってたんですが、『地上部隊はもっと多くの武器を必要としています、今！』とか言ってるんですよ。こっちはたった2時間前に戦地で陸軍のFACとチェックインしてきたばかりでしょう、その時爆弾は要らないって言われたんですよ！　乗機の無線周波数を勝手に変えて爆弾を欲しがっているFACを探す輩もけっこういて、誰がどんな武器をもらうかという規定の手順を省略してました。そのせいで手順を踏むことに対する嫌気や不満も生まれましたが、戦争の初期段階ではかなりの数のVF-31のクルーがそうやって爆弾を欲しがっている地上部隊をどうにか見つけてました」。

第2空母航空団副司令クレイグ・ジェロン大佐はOIF中に出会った陸軍のFACたちにある程度理解を示していたが、彼も目標の爆撃については葛藤を感じていた。

「一般的な陸軍のFACは、しばしば苛酷なイラクの気象条件下で仕事をするための気の効いた装備を全然持ってませんでした。時たま一緒に仕事をしたSOF（特殊作戦部隊）の連中は、逆に全員が最新型のヴァイパーレーザーシステムを持っていて、しっかり座標を送ってきました。あの連中は2001～02年のアフガニスタンでも海軍戦術機といろんな活動をしてたので、高速ジェット機隊の戦術をよくわかってました。そうした装備も経験もない陸軍のFACは正確な座標を送るのが無理だったんで、目標について言葉で説明するしかないこともあったんです。彼らが苦心しているのはよくわかりました。私たちに目標を視認させようと頑張っているFACが撃たれている音が聞こえてくるのに、目標が見つからないという状況は本当にやりきれませんでした！」。

「さらに悪いことに、彼らが爆弾を落として欲しがってる場所のすぐ横が車でいっぱいの道路だったり、民間人の住む住宅だったりすることが時々ありました。心の奥で自問しましたよ。『これが本当に正しい目標なんだろうか、そして本当にこれがFACが私に求めていることなんだろうか？』と」。

FAC(A)革命
FAC(A) REVOLUTION

　海軍と海兵隊の部隊は、高速ジェット機によるFACによる協同方式の発達において常に先陣を切ってきた。FAC（A）として知られる前線航空統制官（機上）の歴史はヴェトナム戦争までさかのぼり、海兵隊の「測的機」が戦術航空統制（機上）任務をTF-9JクーガーやTA-4Fスカイホークなどの機種で実施したのが始まりだった。現在も海兵隊はFAC（A）任務を複座のF／A-18Dで実施しているが、これはOIFの地上戦でも絶対に不可欠な存在だった。

　海軍がFAC（A）任務を導入したのは海兵隊より少しあとで、F-14がその役に選ばれたのは1990年代中盤に精密爆撃機に変身してからだった。空母艦上から運用可能な当時唯一の複座戦術ジェット機で、この任務に求められる高いレベルの航続力、速力、照準装備、電子機器、無線機を備えたF-14は、1999年3月にコソヴォで実施された同盟の力作戦でFAC（A）としての実戦デビューを果たした。アメリカ海軍航空隊が大きな役割を果たした2年後の不朽の自由作戦でも、トムキャットFAC（A）構想はその真価を繰り返し証明した。そのため2003年3月に北ペルシャ湾で実施されたOIFに参加したF-14部隊への期待は大きく、しかも彼らはそのすべてに応えたのだった。

　第2空母航空団副司令がイラク上空で一緒に仕事をしたトムキャットFAC（A）のなかでも最高だったと絶賛するラリー・バート大佐は、CVN-72から第50空母任務部隊幕僚として飛び、終戦直前はCV-64の甲板から飛んでいた。

「ホーネットの仲間たちが必死に目標を捕捉して撃破しようとしている時が、トムキャットFAC（A）の腕の見せどころです。投弾準備の整った機がたくさんいても、有力な接触情報すべてのうち、攻撃を必要とする本物の目標は少ししかいないんです。どれが正真正銘の目標なのかを見極めるのはFAC（A）にかかっていて、それには無線で地上の連中と話し合ったり、機上統制官と連絡を取ったり、自機のシステムで戦場を徹底的に調べなければなりません。複座のトムキャットがすばらしいのは、SCAR（攻撃調整

前部トンネル兵装レールにGBU-12を2発抱いた「トムキャッター110」（BuNo 159618）で、おそらく後方にもう2発を装備している。機体の真下から見ないかぎり、後方の爆弾は胴体タンクとエンジンナセルにうまく隠れている。GBU-12は地上戦の支援でF-14がよく使用した兵器で、第14空母航空団の4個戦術飛行隊が投下した464発のうち、少なくとも161発をVF-31が投弾した一方、VF-2は第2空母航空団の4個戦術飛行隊が投下した423発のGBU-12のうち217発を投弾した。BuNo 159618は35発のJDAM／LGBを投下（VF-31の任務マークは両者とも同じ）、また少なくとも1回の地上掃射を行い193発の20mm砲弾を発射した。当初F-14Aとして製造され、1975年10月24日にVF-124に引き渡されたBuNo 159618は、1990〜91年にかけてF-14Dに改造された18機のA型の17機目だった。VF-124での二度目の奉公につづき、VF-101を経て本機は1995年にVF-31へ配備された。本機は2003年6月2日まで同隊に留まり、翌日除籍されてオシアナ海軍航空基地でSARDIP該当とされた。(Lt Cdr Jim Muse)

および偵察）とFAC（A）をする時です。FAC（A）任務でとにかく大事なのは状況把握力で、それには経験が必要です。FAC（A）の有資格搭乗員は経験の豊富な人ばかりです」。

VF-2には5名の熟練FAC（A）搭乗員が隊内にいたが、これらのパイロットとRIOはファロンやエルセントロなどの海軍航空基地に設けられた海軍打撃航空戦センター（NSAWC）および大西洋打撃戦闘機武器学校（SFWSL）で特別訓練コースを修了していた。FAC（A）訓練を受けるのに先立ち、各海軍航空隊員は地上JTAC（統合戦術航空統制官、これはOIF後に改訂された語）の資格を取り、その後EWTGLANT／PAC（大西洋／太平洋海外派遣戦訓練群）で海兵隊が主催する3週間の戦術航空統制班コースを受講した。憧れのFAC（A）になるためには、これらのコースを修了しなければならないが、FAC（A）に任命されることこそが究極の成果である。この資格は海軍では近接航空支援の博士号と見なされている。

VF-2が北ペルシャ湾最大のFAC（A）所帯となったのは、OIFのために次々と助っ人搭乗員が補強されたおかげだった（パイロット1名、RIO2名）。SFWSLで教官を務めていたベテラン艦隊航空隊員が部隊へ急遽派遣されたのだが、彼らはSOF（特殊作戦部隊）が関わるFAC（A）任務の実施に際し、VF-2を援助するために厳選された人材だった。SFWSLからの補強要員たちは自分たちだけで飛ぶこともあったが、普段は飛行隊のほかのFAC（A）パイロットやRIOたちと組んで、自らの専門知識を多くの分隊に広めていった。教官たちは通常の戦闘任務を飛ぶこともあったが、これはCV-64艦上でのつまらない警戒待機や見張り当直から逃れる意味もあった。彼らは心の底から第2空母航空団に溶け込んだが、その最大の関心事はFAC（A）任務だった。

F-14Dが誇るリンク16JTIDSとAN／ALQ-165機上自衛ジャマーのおかげで、VF-2はOIFでおそらく最も不敵な戦術機任務の支援を命じられた。第20任務部隊（TF-20）が実施する極秘の要緊急対処目標（TCT）ソーティ群である。これはきわめて長時間の、危険かつ途方もなく重要なFAC（A）任務で、複雑な状況下において桁外れな状況把握能力が必要とされたため、北ペルシャ湾にいた旧式のF-14Aでは物理的に実施不可能だった。F-14Dの性能とVF-2のSFWSL教官で強化されたFAC（A）要員の組み合わせが、同隊をOIFの「主軸」FAC（A）部隊にならしめたのだった。適任とされた搭乗員は頻繁に任務命令に駆り出され、この戦いで最高に危険だが戦術的に重要なソーティで「司令塔（クォーターバック）」を務めたのだった。

VF-2が参加したTCT／TF-20任務にはSOFが臨機目標（イラク

このVF-2所属機はGBU-16（左）を2発、GBU-12を1発、次回の任務のために搭載している。2003年4月初旬、CV-64艦上にて。この装備を搭載した機は最高速度が時速約750キロに制限されたが、これは前方に懸吊されたLGBから発生する後方乱流による振動で後方の爆弾の先端にあるレーザーシーカーが破損し、投下時に誘導不能になる可能性があったため。F-14の爆弾投下順序では、まず後方の兵装を「投下（ピックル）」する。前方の爆弾を先に投下すると、急激な減速により後方の兵装に衝突して安定フィンが破損することがあった。OIF中、FAC（A）の搭乗機は4発のLGBを抱いて出撃するのが普通だったが、F-14の一般クルーは2～3発のGBU-12で通常ソーティを行った。OIF中にVF-2が投下したGBU-16はわずか4発なので、本機の爆装はかなり珍しい。

VF-2の海軍航空隊員たちの集合写真。2003年5月初旬。(PH2 Dan McLain)

政府要人、移動式レーダー／SAM基地、地対地ミサイル)を襲撃するものも含まれていた。こうした気まぐれな目標は国内のあらゆる場所に一瞬だけ出現する可能性があるので、SOFチームには潜入し、圧倒的な戦力で目標を攻撃し、目のくらむような火力援護と完璧な闇にまぎれて離脱する能力が必要だった。

開戦前に目標リストを照合したところ、重要任務の多くがバグダッド市のスーパーMEZ内とその周辺部で発生するだろうことが判明した。TF-20部隊の投入と支援を命じられたSOFのMC-130とヘリコプターの搭乗員たちは、これらの危険な任務を支援するために所属組織の戦闘力に加えて、状況に対応可能な専用火力を要求した。そのためイラクの空域に深く進入でき、彼らの要求にかなうだけの融通性を備えた機体を多国籍軍の戦術機からこの近接航空支援任務に提供する必要が生まれた。

2002年秋、SOFの航空作戦立案者たちが統合近接航空支援(JCAS)とFAC(A)手順の主題専門家(SME)である海兵隊、空軍、海軍の一般航空隊員たちと協力し、従来型のFACおよびCASジェット機で、いかに頑強かつ脅威度の高い環境においてSOF機の目標までの往復路を護衛すべきかについて詳細な作戦構想を策定した。この作戦構想では目標との交戦時におけるSOFの地上FACへの火力支援と補佐の実施方法についても詳述していた。この作戦構想はその後、これらの協力航空隊員たちによって検証

され、彼らのアイディアが空・海軍の各種兵器に対する敵脅威システムのシミュレーションに取り入れられた。対面ブリーフィングだけでなく、飛行後ブリーフィングがより重視されたのは、SOFと通常航空部隊の連携とは、突きつめればほとんどは両者が台本(JCAS手順)を暗記してから「本番に臨む」、戦場の「送迎ゲーム」だからだった。

幾度ものリハーサルが終わると、任務を叩きこまれたFAC(A)とCASの航空隊員たちは南西アジア統合任務部隊指揮下のすでに戦地にいる部隊に配属されて、自分たちが学んだことを参加隊員に教えるよう命じられた。現地の指揮官にリハーサルの完成度の高さを認められれば、その航空隊員は任務を指揮する「戦術司令塔」に任命され、その他の多国籍軍FAC(A)およびCAS航空機をSOFの任務に統合することになった。

夜間作戦担当空母隊(コンステレーションを含む)がTF-20ソーティに適任とされた。そのためVF-2のFAC(A)要員と補強航空隊員たちがOIF開戦直前の南部イラクのH2およびH3飛行場への殴り込みから、バグダッド北西のタルタル湖畔にあったイラク大統領宮殿へのSOF降下作戦の航空支援まで、数多くの任務を終戦まで実施することになったのである。

誇らしげに爆弾マーク見せつけながらCV-64の艦首カタパルトへタキシングする「バレット106」(BuNo 164342)。2003年4月15日。「コニー」が北ペルシャ湾を去ったのは、この48時間後だった。(PH2 Dan McLain)

市街戦
URBAN WARFARE

　VF-2のFAC（A）が本領を発揮したのは、多国籍軍部隊が首都バグダッドへ侵攻を開始してからだった。この軍事作戦の重大な局面に深く関わったRIOのひとり、マイク・ピーターソン少佐は第11空母航空団のVF-213で不朽の自由作戦を経験したベテランである。
「4月10日未明にジェフ・オーマン少佐と私はコンステレーションを発進しましたが、私たちは愛情をこめてこの艦を『サタンの旗艦』と呼んでいました。残り少ない通常動力型空母なので、いつも上部構造物から地獄のように煙を吐いていたからです」。
「僚機が機械的故障を起こしたのと、予備のトムキャットを優先度のもっと高い任務に取られてしまったので、私たちはFAC（A）任務を単機ですることにしました。FAC（A）を務める場合、どこの場所でも普通はほかのCAS機と相互支援をするのですが、コックピットに二対の眼があるのは地上砲火を見張るのに便利でした」。
「給油後、あるキルボックスへ向かい、バグダッドの下町のティグリス川のすぐ東側にいる第1MEFのコンボイを支援するよう、DASC（海兵隊の直接航空支援センター）から命じられました。現場へ向かうあいだ、私は5万分の1の地図を取り出し、仕事場所の座標を調べました。そこはティグリス川にかかる橋のすぐ東の密集市街地でした。地図のその場所に印をつけ、トムキャットの『地図移動機能』を使ってパイロットに見せました。といっても、書き込みをした地図をコクピットの右側に突き出してパイロットに見せただけですけどね！」。
「現場に到着すると、CAS機としてチェックインしたばかりのA-10ウォートホッグの2機編隊がコンタクトしてきました。コンボイは橋からほぼ1ブロック東のところで停止し、モスクらしい建物を包囲していました。交差点の南西側に位置する伽藍は立派な壁に囲まれ、独特の尖塔が立ち並んでいました。海兵隊がその建物群に隠れているらしいイラク政府高官を探そうとしているのは明らかでした」。
「私たちが上空に達する直前、その車列は伽藍の東側、通りを隔てた建物群から重火器とRPGで後側面を射たれました。部隊は死傷者を何名か出し、A-10に最重火点の位置を教えようとしながら橋のほうへ後退しました」。
「私たちはFAC（A）としてすぐにチェックインし、LTSでモスク施設を精査しました。そして地上FACの話を聞いてから、敵の砲火が来た建物群を見ました。しかしまだ海兵隊が近くにいて、その地域から撤退を図っていたので、自機のLGBは建物に落とせませんでした。A-10のパイロットがどこを地上掃射すればいいのか戸惑っている様子だったので、私たちは地上FACと連携し、無線に割り込んで空から見た状況を手短に伝え、建物群の上を北から南へ一海兵隊のハンヴィーの車列と平行に一飛びながら撃て、と言いました」。
「空軍パイロットが正しい場所を視界に捉えたのを確認してから、彼が攻撃航過のために態勢を整えたので、後方を横切って彼が正しい建物群に狙いをつけているのを確かめると、地上の海兵隊に最終許可の統制権を戻しました。味方の兵隊が建物群のすぐ近くにいたので、あんたが狙っているのは俺たちじゃないという最後の確認は、できるだけ彼らに言ってもらうのが良かったからです。A-10のパイロットは30mm砲弾を掃射して建物群の屋上のすぐ下を攻撃しましたが、そこが海兵隊を襲っていた弾丸の最大の出所でした。これでほとんどの銃撃が止み、彼らは橋のほうへ戻れるようになり、モスク施設から遠ざかれました。それからA-10は2機とも現場を離れましたが、これは燃料がビンゴになったからです」。
「それから1両のM1A2エイブラムス主力戦車がさっき海兵隊のコンボイがいた場所にやって来て、施設に正対しました。数分後、

「モスクの反対側にある建物からM1A1を狙った新手の射撃が始まりました。戦車はお返しにその建物に1発撃ち込んで射撃をやめさせると、橋のほうへ戻っていきました」。

「この時点で地上FACから連絡が入り、自分と部隊はもう銃撃を受けていない、再集結しながら砲兵隊を呼んで、それからモスク施設にもう一度突入するつもりだとのことでした」。

「現場に滞空できる時間を最長にするため、私たちはこの時点で給油機へ急ぐことにしました。給油機に向かったところ、低高度を飛んでいたので無線が届かなかった救難ヘリ数機からのコンボイへ接近中という通信を、あのFACに伝言することができました。またDASKにコンボイを支援するため、CAS機を追加派遣してくれと要請しました。攻撃ヘリを指定したのですが、これは市街地の近接戦闘に適していて特に便利だからです。私たちは急いで満タンにすると、部隊の無線周波数を飛行中ずっとモニターしながら、コンボイのいた場所へ戻りました」。

「バグダッド中心部の持ち場に戻ってみると、あのコンボイは先の攻撃のあとに再集結し、道路を進んでモスク施設を通り過ぎ、今度は彼らの右側、道路の南側に並ぶ建物群から側面を攻撃されていました。海兵隊はそれらの建物から新手の銃撃を受けていて、今回は安全な距離をとって停止していました。隠れて見えない敵と撃ち合いたくないので、海兵隊は銃撃してくる敵のいる建物群を潰してくれと要請してきました」。

「地上FACの指示に従って下見航過をしたところ、彼らの位置と攻撃すべき建物がはっきりしました。海兵隊がいたのは500ポンドLGBを投下しても安全な距離のまさにぎりぎりの地点だったので、航過に備えろと言って、全員を伏せさせました。私たちは遅延信管付きLGBをそのブロックのいちばん端の建物に投下し、再攻撃のため西へ切り返しました。地上統制官は直撃と言うと、次のLGBで彼らにもっと近い西の建物を攻撃してくれと指示してきました。さらに2航過し、それぞれで爆弾を1発ずつ投下して、コンボイが攻撃された場所に並んでいた建物群を潰しました。私たちが『ウィンチェスター』(弾切れ) になってから、さっき爆撃した建物の向かい側にある建物をもう1棟やってくれと地上統制官が言ってきました」。

「その時までに1000ポンド向上型ペイヴウェイII LGBを積んだRAFのトーネードGR4の2機編隊がこの現場にチェックインしていました。私たちは目標地域を熟知していましたが、RAFのクルーたちはその地域のどの建物を狙えばいいのか知りませんでした。さっきのA-10とM1A1の攻撃で建物がいくつか破壊されてましたし、私たちはトーネードのクルーに爆弾を味方部隊のすぐ側に落とさせないようにしなければなりませんでした」。

「トーネードが積んでいたレイソン製の向上型ペイヴウェイIIはCAS機には絶好の兵器で、OIFでこれを使っていたのはRAFだけでした。この爆弾はLGBとJDAMの長所を兼ね備えていて、ピンポイントな精度をもつ普通のレーザー誘導兵器としても、また向上型ペイヴウェイのGPS利用慣性誘導システム、略語はGAINSなのですが、そのおかげで精密座標によるGPS誘導でも投下が可能でした。米軍の戦術機では天気の悪い日に、そういう時には役に立たないLGBが積まれていたり、厳格な交戦規定を満たすのに十分精密な座標が地上FACからもらえないのにJDAMが取り付けられていることが、OIFではよくありました。向上型ペイヴウェイは両者のいいとこ取りパックでした」。

「こちらにはトーネードGR4のために精密座標を算定できるLTSがありました。誘導ポッドに実装されたソフトウェアでGPS兵器に必要な正確な座標を出せるのです。イギリス人クルーに目標座標を送ると、私たちは先導機が攻撃航過に入るのを見守りました。彼が『攻撃準備完了』なのを確認すると、私たちは座標算定ずみの目標にレーザーを照射し、向上型ペイヴウェイをGPSからレーザー誘導に切り換え、直撃させました。このテクニックは通話時間を省くだけでなく、正確な爆弾投下にもつながるのです。なにしろ目標のことをわかっているFAC(A)が兵器の最終段階の誘導をするわけですから」。

「地上FACは500ポンドと1000ポンド爆弾の威力の差に感激していました。辺りを見渡した彼は、敵の射撃はすべて沈黙したので、さらにこの道路を進軍すると無線で言ってきました。君たちの支援に感謝すると言って、通話は終わりました」。

「チェックアウト前、この地域の統制権を海兵隊のAH-1Wの2機編隊に引き渡しました。彼らは私たちがDASKに出した回転翼機の要請に応えて来たのです。手短に状況報告をしてから私たちはチェックアウトし、彼らはバグダッドの中心部をめざし、さらに川の東側へ進撃するコンボイの護衛をつづけました」。

「バレット100」はVF-2でスコアボードを描かれた10機のうち最後の機で、49発のLGBと10発のJDAMのシルエットが見てとれる。実は整備員がこの任務マークを描いたのは、部隊がCV-64からオシアナ基地へ出発する2003年5月31日の24時間前だった。「バウンティハンターズ」カラーをまとったBuNo 163894はOIF中、VF-2のトムキャットで最も多くの爆弾を投下した。(PH2 Dan McLain)

海兵隊の支援
MARINE SUPPORT

　VF-31にも隊内に有能なFAC（A）が相当数おり、彼らもまた地上部隊の支援に大きな働きをした。第14空母航空団のOIF海外派遣戦における功労者の筆頭が「トムキャッターズ」のRIO、ジョン・パターソン少佐で、彼は開戦前に同航空団司令ケイシー・アルブライト大佐により航空団のCAS主題専門家に指名された。パターソン少佐は不朽の自由作戦と南方監視作戦において、第7および第14空母航空団で攻撃隊長を務めたことがあり、彼以上にこの任に適した人物はいなかった。彼はさらに打撃戦闘機戦技教官、海兵隊航空兵器・戦技教官、FAC（A）教官、暗視装置教官なども務めたことがあった。

　パターソン少佐のOIF直前の数週間における最優先任務は、第14空母航空団の戦術機クルーたちを地上戦の開始時までに、最大限に効果的なCASを実施できる搭乗員に仕立て上げることだった。このため彼はクウェートの砂漠で演習中だった陸軍第5軍団の地上FACたちと緊密な取り組みを行った。パターソン少佐はまた第1MEFが編成した緊急対処計画策定班の第14空母航空団代表でもあったが、この班には第3海兵隊航空団（OIF中に海兵隊を支援する主力CAS部隊）とFAC（A）たち、そして第2および第5空母航空団の機上指揮統制官の代表者たちも含まれていた。

　VF-31の副隊長、アーロン・クドゥノフフスキー中佐はこう語っている。

　「この班が指揮統制技術とCAS配分方法を海軍戦術機隊員に手ほどきをしたので、米国海兵隊の支援ソーティの効率が大幅に向上しました。この活動の直接的な結果として、海軍戦術機が海兵隊の直接支援機の不足を補うことができ、余分な武装偵察とSCAR（攻撃調整および偵察）ソーティを抑えてイラク陸軍第4軍団の撃滅を確実にさせ、バグダッドへ進撃する第1MEFの重要ながら防御の薄い補給路の保全を効果的に果たしました。これらの活動は効果的で、イラク軍第4軍団の戦闘能力を撃破と敵前逃亡によって100パーセント奪い去り、その後海兵隊の地上部隊がアル・アマラーの第4軍団司令部を無血占領できたほどでした。さらにパターソン少佐自らもこの作戦の発案、計画、第14航空団攻撃パッケージ指揮に参加し、第4軍団の砲兵連隊本部を破壊しました」。

　「このソーティはパターソン少佐がOIF中に攻撃隊長兼FAC（A）として飛んだ13回の任務のひとつにすぎませんでした。全期間で彼は自ら23発のLGB、GPS、通常爆弾を投下し、また敵軍に対して500発の20mm砲弾を発射しましたが、それには敵と直接交戦していた味方部隊の支援任務だったケースも多数ありました。特に記憶に残っている任務は3月30日のもので、パターソン少佐は2機編隊でFAC（A）を務め、アパッチヘリ3機に損害を与え、第5軍団の進撃をアル・ヒッラの南で食い止めていた敵の戦車と火砲を見事に破壊しました。この任務のあいだずっとパターソン少佐とパイロットは敵の対空砲やSAM発射装置があったにもかかわらず、目標地域上空の現場に留まりつづけたのです」。

　FAC（A）任務の複雑さのため、海軍はこうしたソーティの実施に適格とされた二人組のクルーだけを充てていた。戦域内のFAC（A）要員は限られていたので、戦場にその誰かを常駐させておく

北ペルシャ湾の空母上空におけるS-3空中給油機の可用性は、F／A-18関係者にとっては日々深刻な問題だったが、「足の長い」F-14ではそれほどでもなかった。それでも燃料が少々心細くなった機が空母上空に到達した時、予備の燃料が待っていると思えるのは心強かった。またこれとは逆にクルーは発艦後、イラクへ北進する前に「ビッグウィング給油機」に寄ってタンクを満タンにすることもできた。写真はVS-35のS-3B（BuNo 159763）へ接近するLGBを抱いた「トムキャッター102」（BuNo 163904）。（Lt Cdr Jim Muse）

ジョン・パターソン少佐はOIF中、VF-31で最も高い評価を受けていたRIOにひとりであり、そのため開戦前に第14空母航空団のCAS主題専門家に選ばれた。また彼は2003年2月末にD04が同部隊のF-14Dに搭載されたのち、「トムキャッターズ」がJDAMを迅速に導入するのにも協力したが、これは2001～02年の不朽の自由作戦での第7空母航空団時代にこの兵器について経験をすでに積んでいたためだった。(VF-31)

ため、作戦の初期段階ではSCAR任務と武装偵察任務が多くなった。これは両者とも2機編隊で作戦するトムキャット搭乗員ならほぼ誰でもこなせたからだと、VF-2のデネニー中佐は説明してくれた。

「SCARか武装偵察の任務を与えられた場合、私たちは現場の統制組織から担当地域を割り当てられますが、彼らはそのキルボックスに味方がいないことを知っているわけです。私たちには自分の兵装を臨機目標に投下できる権限があり、もし地上に飛行機か戦車らしいものを発見した場合、担当の統制官に連絡し、それを確認してもらって爆弾投下の許可をもらいました」。

「SCARと武装偵察の任務は事実上、装備を積んで攻撃プラットフォームになれる機体ならば、事実上第14空母航空団のどの機でもいいのですが、それは脅威環境が深刻でなく、副次被害の問題が無視できるならの話です」。

「VF-2がSCARと武装偵察任務に選んだ搭載装備は、4発の500ポンドLGBでした。イラクに行って地上の連中をうまく支援するのにこの爆弾が適していたのもありますが、やっつける目標がなかった場合、装備を積んだまま船に帰投するのに、F-14ならこの武装構成でも完全に着艦できたのです」。

FAC (A) としての仕事に忙しいこともよくあったが、VF-2のマイケル・ピーターソン少佐も出た所勝負のSCARや武装偵察任務に何度も参加していた。

「ある日FAC (A) として『ウォーホーク』にチェックインしたところ、私たちの2機分隊は前に仕事を一緒にしたことがある地上部隊とチェックインするよう再び指示されました。私たちは割り当てられたキルボックス・キーパッドの位置に向かい、地上部隊のFACにチェックインし、こちらは各機が500ポンドGBU-12型LGBを3発搭載し、在空可能時間は約40分と告げました。FACは秘匿無線でグリッド座標を回してきました」。

「部隊のF-14DのソフトウェアとLTSが改良されてから、6桁か8桁の軍用グリッド基準方式がずっと使いやすくなりました。これは地上部隊が使う標準システムだっただけでなく、グリッド座標は味方部隊や敵目標の位置を私たちがコクピット内に持ち込んでいた5万分の1地図に書き込むのにも便利でした。さらに私たちがLTSで目標を発見した場合も目標のグリッド位置を正確に出せるので、地上FACはすばやくその位置を参照し、その地域に作戦中の味方部隊がいないことを確認できました」。

「もらった座標へ向かったところ、多国籍軍の認識標識を掲げながら幹線道路を北へ進むコンボイを発見しました。地上統制官はそれが自分たちのコンボイだと確認し、コンボイの前方の補給線 (道路) 沿いに北進する彼らに対して、待ち伏せや抵抗がありそうな場所があるか偵察してくれと言ってきました」。

「武装偵察の規定形式どおりに僚機と私たちは北へ向かい、目視とLTSで捜索しました。道路を約9キロさかのぼったところ、掩体だらけの施設に行きあたり、そのいくつかには軍用車両が入っていました。目標の座標と概要をコンボイのFACに伝えると、それはイラク軍の施設だと彼は断言しました。そこは道路の北の地域を確保するのが任務であるコンボイの目的地のひとつだとも彼は言いました」。

「地上FACの指示により、私たちは航過を何度も繰り返し、掩体内の車両は4台、うち1台は戦車なのを、コンボイがその地域に突入する前に突き止めました。施設は地上部隊に守られていましたが、私たちは北へ進みつづけ、さらに道路をさかのぼった別の施設にも掩体に入った車両がいるのを発見しました。もう一度地上統制官と交信し、私たちはコンボイがこの地域を確保する前に、残っていた兵装をこれらの車両に使用しました」。

「この任務は私たちの感覚だと比較的平穏なほうで、予想される地上部隊の抵抗を戦術機の効果的な使用によって最小化するという、急速に北進していく第5軍団や第1MEFを支援するために飛んだ数多くの武装偵察ソーティの典型でした」。

2003年3月30日夜にOIFでVF-2初の地上掃射を実施し、M61バルカン20mm砲弾による硝煙汚れも生々しい乗機のF-14D（BuNo 164342）の前でカメラにポーズを取るトニー・キューリック大尉。彼は航空殊勲勲章を受章したが、以下はその感状からの抜粋である。「彼は分隊を先導して雲層下へ降下し、並木に隠れていたイラク軍APCの破壊に成功した。給油後、悪天候にもかかわらず、彼は再び分隊を先導して雲下の高脅威地域へ進入し、銃撃を受けていた多国籍軍部隊を支援するため攻撃を実施した。彼は迅速かつ巧みに目視で複数回の爆弾投下と機関砲攻撃を低高度高速飛行で実施し、敵部隊のすべてを破壊ないし撃退し、多国籍軍部隊を救援した」。（PH2 Dan McLain）

汝の銃を取れ
GO FOR YOUR GUN

　OIFでのホーネットの僚友たちと同じく、トムキャットクルーたちは内蔵型M61バルカン20mm砲を、万が一爆弾を全弾使い果たしたあとも敵が地上の友軍と交戦していた場合、最後に頼る武器と考えていた。3月30日、イラク南部で進撃を足止めされた第5軍団の支援中、VF-2の2機分隊が地上掃射をすることになった。これはCV-64のトムキャットクルーがOIFで発砲した最初だった。分隊を先導していたのはトニー・キューリック大尉とRIO兼任務指揮官の第2空母航空団副司令クレイグ・ジェロン大佐だった。大佐はこう語った。
「私たちは夜間CASソーティを最低の天候のなか、アン・ナシリヤとアン・ナジャフのあいだを飛んでいました。陸軍のFACが1名地上にいて、アン・ナジャフをめざして北西へ進む部隊とともに行動中でした。彼は私たちのトムキャット分隊に、並木を背にして大きなフェンス越しに自分たちを撃ってくるイラク兵をやっつけてくれと頼んできました。地上の人たちが本当に助けを必要としていたので、分隊をその地域を覆っていた雲の下に出し、敵にLGBを使おうと決めました」。
「上空に着くと対空砲火が襲ってきたので、私はすぐに下方の戦術画像を確かめ、連続航過でLGBをイラク兵部隊と近くにいたAPCに投下しました。それぞれに両方のトムキャットが2発のLGBを落としたにもかかわらず、そのFACはこちらはまだ銃撃を受けていると言い、そちらは地上掃射は可能か？と聞いてきました」。
「燃料が十分あったのと、SAMはなさそうだったので、脅威環境は良好と判断しました。周辺にこの要請を実施できる戦術機種や攻撃ヘリがほかにいなかったので、さらに高度を下げてから私たちは敵の位置を掃射する準備を整えました」。
「射撃航過中、いちばん気になっていたのは自分たちが今やすっかり携行型地対空ミサイルの射程内にいるということでした。それでも掃射をするために雲のすぐ下に占位した結果、最初は約2400メートルだったのが、掃射パターンを改めたところ、750メートルにまで降下していました。当然ながら夜間の地上掃射ではピンポイントな精度など不可能で、これらの航過はどちらかというと『気休め射撃』でした。ところがイラク兵は肝をつぶされ、今撃っている兵隊たちには手ごわい航空支援がついていると思いこんでくれたのです」。
　ジェロン大佐とキューリック大尉、そして僚機の搭乗員には本任務の成功により航空勲章が授与された。
　OIFでF-14が「バカ」爆弾を投下することは、機関砲の使用と同じぐらい稀だったが、VF-2の2名のクルーは3月27日に4発の500ポンドMk82「スリック」で豪勢な戦果を上げたのだった。その機のRIOがパット・ベイカー中尉だった。

「私たちはユーフラテス川に沿って通常のTARPS任務を行っていて、2～3箇所の防空基地と、諜報部の連中がこの地域にあるとにらんでいた指揮統制施設を見ていました。連中がその施設の写真を欲しがっていたのは、目標指示のためにその目的を知りたかったからです。その日いつもと違っていたのは、航空命令で私たちにあてがわれた2機がMk82を各2発積んでいたことでした。VF-2の機が爆弾2発にTARPSポッドという混成装備をしたのは、その時が最初でした。おかげでイラク南部上空にいる時に誰かが緊急支援を求めてきても、私たちが臨時の爆撃機になれるようになりました」。

「私はダッシュ2番機の後席で、目標撮影航過の航法はすべて先導機のRIOにおまかせ状態でした。私の仕事はパイロットのショーン・マシソン大尉のために無線でエイワックス統制官や地上のFACと連絡を取り、誰か爆弾を欲しがっている人がいないか聞くことでした。いくつかの周波数をザッピングしたあと、バスラの近くにいたイギリス陸軍のFACと話すようになりました。そしてシャット・アルアラブ運河を下ってサダムの大統領専用ヨットを攻撃しろと言われたんです。その船は2日前にS-3Bがマヴェリックを1発命中させたあと、2機のF／A-18がLGBを外していました。そのFACとコンタクトする前に私たちの偵察飛行は終わっていて、あとは北ペルシャ湾を南下して給油機に寄って母艦に帰ろうとしていたところでした」。

「そのFACは実際にヨットの近くにいたわけではなくて、私たちに教えてくれた船の位置というのは、彼が最近知った情報を回しただけだったんです。私たちは高高度にいたので、双眼鏡でヨットを見つけようと港湾施設を探しました。前日にF／A-18が誤爆した倉庫の焼け跡を見つけたのですが、それがヨットの目印になりました。船は2隻の貨物船のあいだに停泊していて、近くに沈みかけた第三の船がありました。船の上部構造物から煙が出ていて、マヴェリックのダメージがはっきり見えました」。

「マーク・カラーリ大尉とジェフ・シムズ中尉（RIO）が乗る先導機がまず仕掛けたので、私たちはその上方援護につきました。その地域に対空砲やSAMがいるかもしれなかったからです。最初の爆弾は船首に命中し、その攻撃に反撃がなかったので二人は再突入して2発目を投下し、それは船体中央部のすぐ前に命中しました」。

「先導機はそれから私たちと位置を交代し、マシソン大尉がHUDのCCIP（連続算定弾着点）の十字線に従って船を狙いました。私たちは一度に爆弾を2個とも投下しました。1発は喫水線のすぐ上の船体に命中し、もう1発はヨットの上部構造物に吸い込まれました。目標から離脱すると、船は炎上してましたが、私たちの使った兵装が不適切な種類だったので、沈没するほどのダメージを与えられたのかはわかりませんでした。地上部隊の支援を想定していたので、私たちのMk82には瞬発信管がついてたんです。ですから爆弾は船体に接触した瞬間に爆発してしまい、船体の奥に食い込んでから起爆してはくれませんでした」。

「それまで飛んだOIFの任務中に、自分が落としたLGBやJDAMが命中するのは一度も見たことがありませんでした。ところがこの時はMk82を正確に命中させようと急降下してロールや引き起こしをしていたおかげで、目標を振り返ったときに爆弾が船に当たった証しの二つの小さな灰色の『衝撃波』が見えました」。

VF-2だけが採用した爆装TARPS機。（PH2 Dan McLain）

サダム・フセインの大統領専用ヨットを2003年3月17日に攻撃した翌日、爆装した乗機のTARPS機（BuNo 164350）を背にポーズを取るパット・ベイカー中尉とショーン・マシソン大尉。パイロットのマシソン大尉はこう語った。

「OIFでCASの需要が増えたので、500ポンドMk82『バカ』爆弾を全TARPS機に搭載するのが普通になりました。そういうフライトは『撒き餌』飛行とも呼ばれて、その時は特殊規定で許される最低高度を飛んで、映像の解像度を最高にしました。でも増える一方だった敵のSAMや対空砲だらけの環境での低空直線水平飛行は嫌でしたね」。

「2ダース以上の目標を撮り終わってからエイワックスにチェックインして、ほかにする任務はないか聞いたんです。すぐに私たちはシャット・アルアラブ運河沿いにバスラへ向かわされたんですが、そこに大統領専用ヨットを爆撃してくれと言った地上FACがいたんです。以前の攻撃でその大型船はもう航行不能になっていたので、私たちは仕事にけりをつけるために呼ばれたわけです。先導機が白い大型船へ仕掛け始めたので、私は先導機を視界に捉えながら上方援護にあたりました。先導機の爆撃後、私は自分たちで決めていた突入高度まで降下し、目標へ向かいました。500ポンド爆弾は2発ともヨットの船体に命中し、機の下で巨大な火球が膨れ上がりました。任務完了です。私たちは2機でOK3ワイヤー着艦を決めようと、『コニー』へ戻りました」。（PH2 Dan McLain）

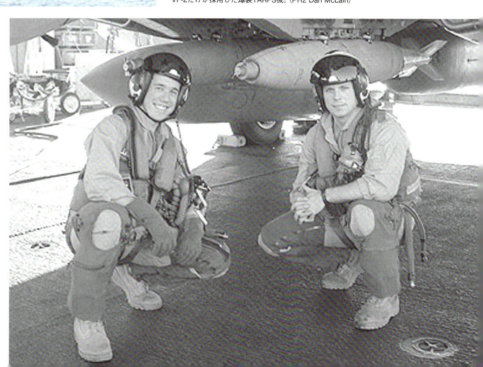

作戦速度
OP TEMPO

　本作戦の全期間を通じて、北ペルシャ湾にいたトムキャット部隊は3個すべてが想像を絶する多忙さをきわめ、OIFの航空攻撃段階だった30日間に実施されたソーティは記録的な数に上った。それ以前、VF-2とVF-31はいずれもOSWを支援するために報復ソーティをテンポよく行っていた。OSW/OIF中、第5艦隊の指揮下において、VF-2は483ソーティを飛んで294発のLGB／JDAM／Mk82爆弾を投下し、VF-31は585ソーティを達成して239発のLGB／JDAM／Mk82を投下したが、VF-154（その作戦内容については次章で詳細する）は驚異的な1006ソーティを飛び、358発のLGBを投下した。

　この作戦速度を保つため、これらの飛行隊の整備隊はその10機中（VF-154では12機中）、少なくとも4〜6機を稼動状態に保ち、毎日の飛行開始時に飛行甲板に上げていた。これだけの稼動機数の維持が不可欠だったのは、どの飛行隊でも多用途機のトムキャットが日々の任務ローテーションの組み立て基準になっているのが一般的なためだった。クレイグ・ジェロン大佐はその事情をこう説明してくれた。

「航空団の任務ローテーションには、飛行距離と使用可能な燃料量によって決まる時間制限がありました。CV-64は3隻の北ペルシャ湾駐留空母で最も南に位置していたため、燃料が私たちにとって最大の問題でした。統合航空作戦センターはこうした時間制限をもとに、攻撃隊の派遣計画を組み立てていました。通常、私たちは担当の飛行時間帯に3〜4回攻撃隊を飛ばすのですが、出撃機数は1回目と3回目が多めで、2回目と4回目のローテは少なめでした」。

「こうした複数の攻撃隊の編成を決定する際、私たちはF-14に負担がかかりすぎないよう気をつけました。毎日の始まりに4機のF-14が使えるようになっているのが普通でした。その日の終わりの整備量を考慮して、飛行計画を4機の使用可能なトムキャットに割り振るのですが、いい時は第5の予備機がありました。それから順番があとの攻撃隊のトムキャットの要求数を削ります。マネジメント的な観点から言うと、各攻撃隊の組み立ては使えるF-14の数で決まり、最初に発進するのが4機だとすると、以降の回は2機ずつになります」。

「この方式の応用として、トムキャットを二重ローテにすることもありました。つまりF-14を飛ばしっぱなしにして、連続して任務を二つ行わせ、空母への往復を省くのです。一度飛行機が上がってくれれば上手くいくのですが、トムキャットは飛べるよう

アル・マンスール（勝利者）はサダム・フセイン大統領の専用ヨットで、この種の船舶としては世界有数の威容と豪華さを誇っていたが、それも統合航空作戦センターの作戦任務書に登場するまでだった。本船はデッキ数8層、全長107メートル、排水量7359トンのフィンランド製で、私有船というよりは海峡横断フェリーのような船容だった。船内にはサダムとその一族のための特大豪華キャビン5室から、大統領専用室から潜水ポッドへつづく秘密の脱出ルートまでが設けられていた。1982年に進水した本船はイラク海軍最大の船舶だったが、軍用に供されることはなかった。設計はサダムの注文どおりに行われ、内装は金銀製の金物があしらわれた大理石と外国製高級木材で仕上げられていた。常時120名の特別共和国親衛隊員が勤務していた本船は、開戦の数日前、防備を増すためウンム・カスル港からバスラへ回航されたが、その命令はサダム自らが下したものだった。アル・マンスールが破壊目標とされたのは、統合航空作戦センターが同船の豪奢な無線装備が野戦通信に使われているという情報を入手したためだった。(Daily Mirror)

CVN-72が北ペルシャ湾を去った、まさに当日の2003年4月7日、F-14D、BuNo 164344を背景に撮られたVF-31の幹部士官集合写真。同飛行隊の10機のF-14DはOIF中に585ソーティ、合計1744戦闘時間を飛んだ。「トムキャッター103」は同作戦中に34発のLGB／JDAMを投下し、地上掃射も行った。1991年10月11日に海軍に引き渡された本機は、当初ミラマーのVF-124で使用されたが、1992年にF-14AをD型に更新中だったVF-31に移籍された。本機は1999年にVF-2に移籍されるまで「トムキャッターズ」に留まり、その2年後にVF-31に復帰した。OIFを戦い抜いたBuNo 164344だったが、2004年3月29日朝にカリフォルニア州ポイントローマの西方3キロで太平洋に墜落した。第14空母航空団の航海前錬成中、本機はサンディエゴ沖での定期訓練でUSSジョン・C・ステニス（CVN-74）を発艦後まもなく、燃料供給系統に問題を生じた。パイロットのダン・コマー大尉とRIOのマット・ジャンシャク中尉は近くのノースアイランド海軍航空基地へ機を戻そうと緊急着陸を試みた。しかしF-14の燃料が尽き、二人は同基地の5キロ南で脱出した。両名はまもなく救助され、機体の残骸は後日回収された。（VF-31）

にするのが大変だったんです。VF-2ではF-14を任務準備完了にするのに、1飛行時間あたり60から70時間の整備時間をかけていました」。

「開戦前からF-14を飛ばしつづけることが大変なのは重々わかっていました。成功の秘訣は7隻もの空母がいたにもかかわらず、うちの隊があらかじめ入手できるだけの部品を戦地に揃えておいて、このベテラン機を運用可能にしていたからです。実際、OIF中に戦地にいなかったF-14Dはオシアナ海軍航空基地の艦隊補充飛行隊にいた4機と、チャイナレイク海軍航空戦センターのVX-30にいた2機だけでした」。

「十分な予備部品のサポートと熟練整備員のおかげで、OIFでトムキャットとLTSはすばらしい信頼性を発揮しました。実際、VF-2のOIF戦闘時における整備状態と信頼性は、北ペルシャ湾唯一のF-14部隊として運用された第2空母航空団の前回のOSW航海時よりも良かったのです。まったくのところ、OIFはトムキャットの晴れ舞台でした」。

VF-2のマイク・ピーターソン少佐も作戦中にF-14を飛ばしつづけた整備員たちを絶賛していた。

「海軍にあったF-14D部隊は3個だけで、そのすべてが一緒に運用されたのは後にも先のもこの時だけでした。さまざまな制約や膨大な仕事量、部品調達の難しさにもかかわらず、全機が戦闘可能状態を維持しつづけられたのは、各飛行隊の整備クルーたちと、後方のオシアナ海軍航空基地にいた戦闘航空団の人たちの功績です。戦争中に航空隊員として私たちが達成できた成果は、すべて整備員あってのものでした。考えようによっては彼らがいちばんの重荷を担っていたのではないでしょうか。私たちの任務は4時間から8時間でしたが、彼らは戦争中ずっと連日12時間から18時間働いていました」。

2003年4月7日にCVN-72は持ち場をUSSニミッツ（CVN-68）と交代したが、後者が搭載する第11空母航空団にトムキャット隊が存在しなかったのは、来るべき運命の先触れだった。エイブラハム・リンカーンが所属するF-14飛行隊に別れを告げたのも、ジョージ・W・ブッシュ大統領が同艦に飛来し、イラクでの大規模戦闘終結を宣言した5月1日の直前だった。VF-31はその24時間前にオシアナ海軍航空基地へ旅立ち、286日間にも及んだ長期戦地展開に終止符を打っていた。CV-63とCV-64も4月17日にペルシャ湾から撤収し、北ペルシャ湾に展開していたトムキャット飛行隊全3個が6月1日までに帰国したのだった。

第4章
「ブラックナイツ」
CHAPTER FOUR 'BLACK KNIGHTS'

VF-154がOIFに参加したトムキャット部隊中、最も例外的だったのは間違いない。第5空母航空団の一翼を担うF-14Aでの最終航海に臨んだ「ブラックナイツ」が、キティホークでペルシャ湾の最北部に到着したのは2003年2月26日だった。統合航空作戦センターにより近接航空支援の専任部隊とされた第5空母航空団が、この地で作戦をするのは1999年7月以来だった。当時のOSWの状況に疎かったにもかかわらず、VF-154はOIF直前の3週間にイラクの南部と西部でCASとFAC（A）任務をいくつか成功させていた。

春からの展開に先立ち、VF-154は精密攻撃能力を最大化するために独自の訓練方法を編み出していたが、それには市街地環境での目標発見のみを目的とした訓練も含まれていた。第5空母航空団の錬成中、本部隊はすべての空母航空団のために精密なFAC（A）とCASの標準戦術を確立する任を担っていた。

第5空母航空団が海外派遣戦闘と精密CASという戦闘環境での役割を拡大しようとしていたため、空対地任務を中心に展開前訓練をしていたVF-154は戦地に到着すると、さまざまな種類の航空機との本格的協同が認められた。米中央軍からの簡潔な任務下令ののち、VF-154は4名の隊員（先にNSAWC（海軍打撃航空戦センター）から抜擢されたFAC（A）教官により増員されていた）と4機の航空機をカタールのアル・ウデイド空軍基地に分遣した。実戦が迫るなか、この隊員たちは多彩な訓練教程を速やかに策定し、アル・ウデイドに駐屯していた部隊に国籍や軍種を越えてSCAR（攻撃調整および偵察）を手ほどきすることになった。陸上にいるあいだ、VF-154はRAFのトーネードGR4や、米空軍のF-15E、F-16CG、F-16CJ、オーストラリア空軍（RAAF）のF／A-18Aと緊密な協同訓練に明け暮れた。

この機動演習訓練は最終的に大きな成果を上げ、VF-154の隊員はレーザー誘導爆弾を直接コントロールしたり、LTSの目標座標を転送してイギリス軍の向上型ペイヴウェイII／III型LGBや多国籍軍機の通常型LGBやJDAMを見事に命中させたのだった。アル・ウデイド訓練分遣隊は被支援地上部隊が得る破壊効果の最大化にも取り組み、NSAWCの勧告に従って精密兵器の投下間隔を1分あたり1発を20分以上に、GPS誘導弾の場合はそれ以下に短縮させた。

開戦前のアル・ウデイド隊の取り組み成果がどれほどだったのかは、米中央軍がOIFの開始直前に第5空母航空団に直接連絡をとり、基地航空隊の多国籍軍機とイラク国内で作戦をするSOF班の支援のため、VF-154に所属機の三分の一をカタールに派遣するよう要請したという事実が物語っているだろう。VF-154副隊長、ダグ・ウォーターズ中佐は中央軍から異例の要請を受けた時、陸上勤務をしていた。彼はこう語ってくれた。

「開戦の数週間前、私はプリンス・スルタン空軍基地（『PSAB』）で統合航空作戦センターとのLNO（連絡士官）をしていました。私の仕事はOIFの作戦計画を海軍の視点から精査することで、基本的に必要ソーティ数、艦上戦闘機隊用の搭載兵装と空中給油機、出撃ローテーション計画を確認することでした」。

「作戦計画精査をしていたころ、FAC（A）ができるトムキャットと搭乗員を増やして多国籍軍地上部隊と直接協同させようという動きが進行中だと耳にしました。最初は増援機―噂ではVF-11とVF-143のF-14B―が、すでに戦地にいた空母の1隻（おそらくCV-64）に合流するらしいという話でした。その後わかったのが、その計画には陸上基地の機が使われるということでした。海軍には艦載機を陸上基地から運用するという考えが気にくわない人もいました。たぶんその人たちは空軍が何かたくらんでると思ったんでしょう。私は逆にこれで艦載戦闘機ならではの自由度が発揮できるぞと思いました。艦載機は必要ならどちらからでも作戦ができますが、陸上機はそうはいきませんからね」。

「しばらくしてこの計画を実行するのがうちの飛行隊だと聞かされました。VF-154がなぜこの仕事に選ばれたのか、それでわかりました。うちの隊の古いF-14Aは高い稼働率―戦地の戦術機で最高―を誇っていました。FAC（A）資格者だった飛行隊長のジェームズ・フラットリー中佐が陸上分遣隊の指揮を執ることになったので、私はVF-154に戻ることになりました。3週間半をかけて日本からの移動を終えたCV-63の甲板に飛行機を乗り継いで降り立った時、『PSAB』から解放されて懐かしの我が部隊に戻れたことを神様に感謝しました」。

GBU-12を積んだままCV-63上空で着艦パターンに入る「ナイト103」（BuNo 161293）。2003年3月初旬。本機は51発ものLGBを目標に投下し、最多投弾機としてOIF終結を迎えた。1981年末の海軍引き渡し後、ミラマーのVF-2に配備されたBuNo 161293は、第2空母航空団に加わった同部隊で3度の西太平洋勤務を終了したのち、1988年末にVF-21に移籍された。第14空母航空団の所属飛行隊「フリーランサーズ」としてさらに2度の西太平洋勤務を経験した本機は、VF-21が1991年8月に第5空母航空団の指揮下に入るため日本へ移動した際、ミラマーに残された。本機が第15空母航空団のVF-111に移籍されたのは同隊が1991年の西太平洋勤務から帰還した同年12月のことで、本機は1995年3月31日の同隊解隊まで「サンダウナーズ」の一員を務めた。その後オシアナのVF-101で使用されたのち、1998年初めにジャクソンヴィル海軍航空基地でオーバーホールされると、日本の厚木海軍航空基地に駐留していた第5空母航空団のVF-154に移籍された。本機は日本に「ブラックナイツ」として留まっていたが、2003年9月24日に同隊とともにオシアナへ帰還した。VF-154の他のF-14Aと同様、本機は2003年12月16日付でそのまま登録を抹消された。(VF-154)

2003年3月末、駐機場でのVF-154アル・ウデイド分遣隊の集合写真。後列左端の海軍航空隊員がNSAWCからの助っ人、スコッティ・マクドナルド少佐で、この撮影の数日後、イラク上空でトムキャットから脱出を強いられることになった。背景の「ナイト112」（BuNo 158624）はOIFで28発のLGBを投下した。（VF-154）

陸上分遣隊の戦い
WAR ASHORE

　こうしてOIFの直前、航空機5機と搭乗員5名が陸上基地へ異動された。VF-154隊長、3名の部門責任者、同隊の訓練担当士官1名とNSAWCからの増援教官数名には、アル・ウデイドを拠点にこれから始まる戦いを遂行する任務が課せられていた。隊の整備部は旧式な担当機を陸上基地で稼動させるため、前例のない方法を取ったとウォーターズ中佐は説明してくれた。

「彼らの計画は単純ですが、効果的でした。陸に出す整備員の数をできるだけ少なくし、飛行隊が通常のATO（航空任務命令）支援任務における艦載航空隊作戦の高いテンポを維持するのに支障が出ないようにしたのです。彼らはまず選りすぐりの整備員をカタールに派遣し、すでに現地にいた部隊と非公式な関係を築き上げることで、分遣隊が外部サポートを得られるようにしたのです」。

「こうして30人の整備員がRAAFのホーネット分遣隊とF-16CJを飛ばしていたサウスカロライナ州空軍第157戦闘飛行隊（FS）と親しく仕事をするようになりました。どちらの部隊もとても親切で、彼らと『ブラックナイツ』との協力関係がなかったら、カタールからの作戦で100パーセントの戦闘ソーティ達成率を達成維持することはきわめて難しかったでしょう。オージーたちは私たちの飛行機にどんな機体／金属加工の問題が起きても、複合加工整備工房を使って手伝ってくれました。それからアダプターもこしらえてくれ、それで私たちは現地に最初からあった空軍用整備機材を使って海軍仕様の窒素ボンベを再充填し、それでAIM-9Mの冷却ができました」。

「サウスカロライナ州軍の人たちは分遣隊が必要とする支援機材の手配を手伝ってくれ、うちの隊員がカタール滞在中に困らないよう、いろいろ手を尽くしてくれました。まったくのところ、うちの整備員がすっかり『家族同然』になってしまったオージーと州空軍の人たちがいなかったら、隊はもっと多くの人員を陸上基地に回さなければいけなくなり、CV-63からのATOソーティ実施能力に悪影響が出ていたことでしょう」。

　OIFが開始されると、VF-154の幹部FAC（A）をカタールに派遣した成果がまもなく明らかになった。事前／事後ブリーフィングを徹底し、イラク領内で協同作戦する指揮下の飛行隊をいつも同じ陣容にし、対面連絡し合うことにより、彼らは全攻撃部隊の効率性と破壊力を格段に高めたのだった。本部隊と第4戦闘航空団の第335および第336戦闘飛行隊との協同作戦は特にすばらしい成功をおさめ、SOFを支援するTCT（特選要緊急対処目標）／TF-20任務でF-14AとF-15Eのコンビは絶大な威力を発揮した。VF-154所属のFAC（A）有資格海軍航空隊員で、カタール分遣隊に選抜されていたあるRIOが筆者に語ってくれたのは、4月3日に彼がアル・ウデイドから参加した任務の以下のような話だった。

「それは『ブラックナイト』隊FAC（A）の6時間の地上部隊支援フライトになるはずでした。離陸の3時間前に諜報部から最新報告

薄暮作戦のためタキシングに備えるカタール分遣隊F-14の4機小隊。2003年4月初め、アル・ウデイドにて。後方には米空軍第389戦闘飛行隊のF-16CJに、RAAF第75飛行隊のF／A-18A、RAFのトーネードGR4などが見える。VF-154の隊員はこれらの3機種だけでなく、本基地にいた第4戦闘航空団のF-15Eとも緊密な連携作戦を実施した。「ナイト110」(BuNo 161288)は35発のLGBを投下し、陸上基地に配備された5機のトムキャット中、OIFでの最多投弾数を記録した。(VF-154)

が上がってきたので、攻撃隊とブリーフィングしました。その夜の主力攻撃機はF-15Eが4機に、F-16CJが2機でした。3週間同じ顔ぶれでブリーフィングしてきたので、話はとても早かったです。ブリーフィング後、装備を身につけてミニバンに乗り込み、駐機場へ向かいました。ミニバンは『サッカーマム』にはいいでしょうが、完全装備の航空隊員8人が乗るにはひどく窮屈でした」。

「10分後、駐機場に到着し、航空機不具合書にすばやく目を通しました。この3週間ずっと同じ機体を飛ばしていたので、さっと一瞥しただけで十分でした。それから水のボトルを各自2、3本つかんで機へと歩きました。スタートアップ後、滑走路へタキシングしましたが、各機とも武装はGBU-12型LGBが4発でした。カタールからの離陸で凄かったのは、飛行場の境界線を出る前に高度を5,000メートル以上（携行型地対空ミサイルの射程外）取れという規定でした！ 2分後に先発のF-14隊が戻ってくると、7,000メートルで全員で編隊を組み、北ペルシャ湾の洋上をイラクへと進みました」。

「1時間後、太陽は完全に沈み、最初の空中給油を終了して、次の給油機を探しに西へ向かいました。30分以内にF-14の4機すべてが2度目の満タンになり、やっと統制局にチェックインする準備が整いました。統制局は私たちがまだ予定時間どおりで、イラク中央部で地上部隊が諸君を待っていると言ってきました。隙をなくすため私たちは2個の分隊に分かれ、一方の2機分隊が給油に行っているあいだも目標地域の監視を途切れさせないようにしました」。

「先行の2機分隊が支援する部隊に向かっていたところ、自動車爆弾の爆発で地上の味方に死傷者が出ていたことがわかりました。その夜の第1任務はその地域のあらゆる脅威の排除だったので、負傷者を救難ヘリで搬出させることになりました。地域を偵察したところ、先行分隊が着陸地帯へ向かって走ってくる敵の車両を発見し、GBU-12を1発落として排除しました。彼らはそれから救難ヘリの上空援護にまわり、ヘリが友軍のほうへ戻るのを護衛しました」。

「それから後続の『ブラックナイト』分隊が現場に到着し、味方が防御陣地を構築していたハディーサ・ダムの近辺の湖畔から来襲するあらゆる脅威から地上部隊を守る態勢を整えました。私たちがとても心配していたのは、イラク軍がダムを決壊させてその下の渓谷を流れるユーフラテス川を氾濫させ、南部のカルバラまで水没させることでした」。

「ちょうどその時、私たちはダムの南西にいた対空砲数門から射撃されました。暗視ゴーグルを使い、FLIRをHUDにスレーブさせながら対空砲へ回り込んで、1発のLGBで1門を破壊しました。自機の武装はあとから『突如出現』してくる脅威用に取っておきたかったので、F-15Eを2機呼んで付近の対空砲へ彼らのLGBを誘導しました」。

「このころ先行分隊が現場に戻ってきたので、FACの申し送り後、交代してもらいました。それから地上の戦友から通信が入り、彼らの偵察隊のひとつがダムの南方5キロの飛行場に新たな高射砲群を発見したと告げられました。私たちはその確認を頼まれ、探してみたところ、飛行場の周辺に約10門のS-60対空砲が分散配置されているのを見つけました。空軍の仲間用に目標の目印としてLGBを1発投下し、残りの砲の撃破は彼らに任すことにしました。燃料がそろそろビンゴだった先行分隊は給油機に寄ってから帰投し、後続分隊が現場に戻りました」。

「ダムの南西にいたイラク軍が私たちが帰ったと思っているのかどうかわかりませんでしたが、先行分隊が去ってからしばらくすると連中は対空砲火を撃ち始めました。暗視ゴーグルとFLIRですぐに対空砲を発見したので、F-16の2機分隊に2組の座標を送信して、各機にそいつらにJDAMを落とせと言いました。私たちは上空を旋回し、それぞれのJDAMが目標を破壊するのをFLIRで見ました。南西に残っていた対空砲を破壊したあと、私たちはFAC（A）の役目をA-10の2機分隊に引き渡し、その夜の2機目と最後の給油機を探しに南へ向かいました」。

「困ったことに今度は天候が怪しくなり始め、何度も晴れた場所で給油機を捉えようと試みましたが結局諦めて、『じとじと』の中で会合しました。燃料がもっと少なかった僚機が先に給油しました。プラグインしてすぐ、彼の機はエンジンがコンプレッサーストールを起こし、眼下の暗闇に消えていきました。燃料が少なく、行動を起こす時間もなかったので、私たちは彼が戻ってくるまで給油することにしました。2分が経ち、無線のコールが何度か聞こえると、彼は魔法のように私たちの右翼側に姿を現しました。ところがまたエンジンがストールし、次の瞬間、彼の機影が給油機の前方に重なるのが見え、私は本能的に身をすくめ、火球が私たち全員を焼き尽くすのを覚悟しました。幸い彼は給油機を何とか避け、私たちの左下側の暗闇に再び消えました。正直言って、人生であれほど恐ろしかった瞬間はありません」。

「惨劇を免れた私たちの分隊はどうにか給油を終え、最後の給油機をめざして東へ戻りました。最後の給油機動を終えるとペルシャ湾に出てから南へ変針し、空のハイウェイをカタールへとひた走りました。40分後、私たちは作戦基地にチェックインし、飛行場の状態を確認しました。作戦基地が現在激しい砂嵐の真っただ中だと答えたので、私たちはアプローチを試みることも、別の代替基地をめざすこともできました。私たちはカタールに戻るのに燃料は十分だと判断し、駄目だったら代替飛行場に着陸することにしました」。

「驚いたことに25キロ先に飛行場が見えたので、各機で直線アプローチの態勢を取りました。滑走路は昼間のようにはっきり見えましたが、地上わずか30メートルで砂嵐のなかに突っ込むと何も見えなくなりました。後方1.6キロにつけていた僚機は、すぐにこちらが見えなくなったと言ってきました。まるでトンネルに飛び込んだみたいでした。そこから抜け出そうとした瞬間、滑

全弾を使い切り、CV-63への着艦まであと数分となった「ナイト102」（BuNo 161280）。キティホークは北ペルシャ湾に展開していた3隻の空母のうち、最北端に位置していた。このため第5空母航空団の戦術機は南部で作戦をしていた全空母艦載機中、最短の任務移動距離を享受していた。BuNo 161280は終戦時、35個のLGBマークをコクピット下方に並べていた。1981年8月22日に新造機としてVF-101に引き渡されたこのTARPS対応機は、その後VF-31、VF-103、VF-102（ここで砂漠の嵐作戦を経験）を経て再びVF-101に戻ってから、1998年初めにVF-154に移籍された。2003年9月にオシアナへ帰還後、BuNo 161280は同年10月6日に除籍された。(VF-154)

「ナイト111」（BuNo 161292）に給油するKC-10Aの所属部隊、第9空中給油飛行隊はアラブ首長国連邦のアル・ダフラ空軍基地を拠点としていた。VF-154のアル・ウデイド展開機はイラク進入前に必ず「ビッグウィング」給油機に寄ったが、その最初の給油は薄暮時に行われるのが常だった。(VF-154)

走路のセンターライン灯が見え、着陸しました。このことを僚機に連絡し、こちらの滑走路上の位置を伝えたところ、彼も私たちの後方に着陸できました」。

「その砂嵐はとてもひどく、駐機場までのタキシングはのろのろ運転で、普段なら1.6キロ先から見える照明が真横に来てやっと見える有様でした。あとでわかったのですが、あの夜カタールに着陸できたのは『ブラックナイツ』機だけだったそうです。空軍と多国籍軍の仲間たちは全員代替基地へ着陸を命じられ、翌朝帰還するまで一晩中機内でじっとしていたそうです」。

アル・ウデイド分遣隊が何を爆撃したのか、数多くの目標をどのように攻撃したのかなどの詳細は今でも多くが機密扱いだが、隊員たちが多様な任務を行うSOFチームと作戦をするために新たな戦術、技術、手順を編み出したことは明らかにされている。5名の隊員は個々の地上部隊を支援するため特別に策定された任務を毎日飛び、ある48時間に「ブラックナイツ」分遣隊は14ソーティを飛行し、合計飛行時間が100時間以上に及んだこともあった。

VF-154の航海概略報告書にあるOIFへの貢献総括によれば、陸上分遣FAC（A）隊員たちの合計戦闘時間は300時間を超え、5機の機体で21日間に50,000ポンド（約22.7トン）以上の兵装（GBU-12を98発）を投下した。その活躍にもかかわらず、このほかに類を見ない作戦形態が繰り返されることはもう二度とないだろうと、ウォーターズ中佐は語った。

「海軍航空隊員というのは、戦闘作戦をするのに誰かに滑走路の使用許可を求めたりするのが嫌いな人種なので、アル・ウデイド分遣隊は将来のモデルとはならないでしょう。しかし海軍FAC（A）と統合地上部隊、SOF部隊が協同する国家指揮権限に関わる未来の作戦の基礎を、戦術と信頼の面で打ち立てたのです」。

CV-63艦上でVF-154の機体にGBU-12を搭載する航空機兵装整備員。2003年3月末。同隊は3月21日から4月14日までのあいだ、主にFAC（A）とSCAR任務を飛び、358発のLGBを投下した。VF-2同様、VF-154もTF-20（第20任務部隊）のSOF支援ソーティに参加したが、その実施にあたったのは陸上基地の隊員のみだった。彼らにはこうしたTCT作戦で自前のCAS部隊とブリーフィングできる強みがあった。TF-20任務に2度参加したVF-2のあるRIOはこう語ってくれた。

「参加した作戦では他機からの引き継ぎの際、F-14Dの状況把握能力はずっと優れていると感じましたが、これは乗っていた性能向上型トムキャットの装備が優れていたおかげで、搭乗員のせいではありません。私が参加した2度のTF-20任務では（3度目は土壇場で中止）、VF-154の隊員が担当したのは参加機誘導とわりと平穏だった目標地帯への進入援護がほとんどで、任務の根幹である目標照準や離脱援護はVF-2の人が実施しました。開戦後は事情が一変して、JTIDSで従来とは段違いの部隊間調整ができるようになり、状況把握もほかの機がどこにいるのか任務中いつでもわかるようになりました。それでもVF-154は数多くの（TF-20とは無関係な）CAS／FAC（A）任務をVF-2とは別に飛び、見事に達成したのです」。(PH3 Todd Frantom)

CVN-63が北ペルシャ湾展開を終えてからまもない2003年4月17日、訓練任務を準備する「ナイト111」のクルーたち。本機の爆撃マークの上2段はOIFで「ナイト111」が投下した兵装を表しており、その下段（赤で機体に塗装）は2003年4月2日にイラクで墜落した「ナイト104」（BuNo 158620）の投下分を示している。同機は喪失時までに18発のLGBを投下しており、そのマークは「ナイト107」、「110」、「111」に受け継がれた。1機を喪失したものの、VF-154は突出した稼働率（同隊は286の戦闘ソーティを飛び、戦闘ソーティ完了率100パーセントを達成した）を12機の古参F-14Aで打ち立て、戦地のその他のトムキャット部隊を圧倒した。その最大の理由はトムキャットの段階的退役で多くのA型が先に「着地」させられた結果、F-14A専用の予備部品が大量にストックできたからだった。退役の瀬戸際にあった機種のため、すべての部品がVF-154にまわされ、破損した場合は修理よりも廃棄されることが多かった。F-14BやDでは特殊な電子機器やコンピューターは他機との共有機材だったためそうはいかず、故障が発生すると簡単に新品と交換はできず、修理するしかなかった。（PH3 Todd Frantom）

墜落
JET DOWN

　VF-154の陸上分遣隊もまったくの無傷というわけにはいかず、4月1日夜、NSAWCからの助っ人隊員、チャド・ヴィンスレット大尉とスコッティ・「ゴード」・マクドナルド少佐（RIO）は、イラク南部上空で乗機（F-14A、BuNo 158620）の左舷エンジンと燃料供給系統の故障により脱出を強いられた。燃料系の故障で残りのエンジンも止まったため、乗員は任務開始後2時間（すでに手持ちのLGBは一部投弾していた）で脱出した。

　数分以内に周回飛行をしていた米空軍第9偵察航空団のU-2のパイロットが二人の携帯用救難無線機からの信号を捉え、その情報をカリフォルニア州ビール空軍基地にいた担当の任務統制官に回した。それを受けた統制官が米中央軍の統合人員救済センターに連絡すると、直ちに米空軍第301救難飛行隊の戦闘捜索救難用HH-60G（戦術機の支援つき）がクウェートのアル・ジャービル空軍基地から差し向けられた。こうして海軍航空隊員たちはほどなく救助された。このF-14AはOIF開戦後、最初にイラク領内で墜落した多国籍軍機となった。

　その後ヴィンスレット大尉はCV-63に帰還すると、乗機に起こった異常について以下のような話をスターズ・アンド・ストライプス誌に寄稿した。

　「いつもの飛行を終え、給油機を探しにイラク領外へと向かっていたところ、左エンジンが故障しました。つづいて燃料供給系統にも故障が起き、いいほうのエンジンにしか燃料が回らなくなりました。私たちは座ったまま燃料計の針が落ちていくのを見つめるしかありませんでした。もう先が見え、燃料が200ポンドを切った時に右エンジンが止まり、発電機が息をつき出したので決断しました」。

　「『ゴード』が『脱出！　脱出！　脱出！』と叫びました。機を安定させようと必死に頑張ったのが功を奏して姿勢がよくなったので、射出された時、二人のシュートは宣伝文句どおりに機能してくれました。脱出の合図をしたのは『ゴード』でした。すごく奇妙な経験でしたよ、暖かくて快適なコックピットのなかから放り出されて、シュートにぶら下がったままひどい突風に吹かれ、砂漠にドスンと叩きつけられるっていうのは。地上に降下すると私はすぐに『ゴード』と落ち合い、彼を立たせてやりながら、歩けるかどうか聞きました。答えは『走れるとも。どっちへだ？』でした」。

CV-63からの夜間発進でフルミリタリーパワーを選択したため、アフターバーナーが点火した「ナイト105」（BuNo 161271）。2003年4月初旬。近接支援専任航空団だった第5空母航空団は、OIFで昼夜同数のソーティを実施した。写真のF-14は作戦中、24発のLGBを投下した。1981年5月に海軍に引き渡された本機はまずVF-124に配備されたが、1982年にVF-111に移籍された。BuNo 161271は1986年にVF-2へ移籍され、1991年にそのままUSSレインジャー（CV-61）に搭載され、砂漠の嵐作戦で実戦に参加した。1993年のVF-2のF-14Dへの機種変更に伴い、本機はVF-211に配備されて「ファイティングチェックメイツ」の一員となったが、2001年7月4日に日本へ飛んでVF-154に編入された。本機は2003年9月に同部隊とともにオシアナへ帰還した。（PH3 Todd Frantom）

(写真上) 4発のGBU-12をぶら下げてCV-63の中部甲板カタパルトから射出され、新たなOIF任務の口火を切る「ナイト103」。本機は3時間後、母艦に帰還した。(PH3 Todd Frantom)

(写真右) GBU-24ペイヴウェイⅢ型LGBの誘導翼をチェックするパイロット。本弾は大型化された尾部安定パッケージにより飛翔距離が伸びた。(PH3 Todd Frantom)

艦上部隊
ON THE BOAT

　VF-154の幹部の大半がアル・ウデイド基地に行ってしまったため、副隊長のダグ・ウォーターズ中佐はCV-63に残された7機と10名のクルーで第5空母航空団に課せられたCAS任務を果たさなければならなくなった。艦に残った「ブラックナイツ」は若手士官がほとんどだったが、自主的に「JO飛行クラブ」を結成し、27日間の戦闘で246発のGBU-12、10発のGBU-16、4発のGBU-10を投下し、気を吐いた。ウォーターズ中佐はOIF中のこの隊での典型的な艦上部隊任務を詳しく語ってくれた。

「空母からの発進は2機分隊か4機小隊で、サウジアラビア北部かイラク南部で給油機に立ち寄って燃料を満タンにすると、E-3エイワックスか海軍のE-2にチェックインして任務を受領しました。それからF-14のLTSを使って指定地域に戦車、砲兵隊、歩兵陣地などがいないか捜索します。敵の位置を特定したら、うちの部隊の標準兵装だった4発のGBU-12で攻撃し、もし目標が多すぎた場合は滞空中のほかの戦闘機も呼んで、正確な座標を教えて仕事を仕上げてもらいました。また第5空母航空団のF／A-18などのために、LTSポッドなら見えるのに他機では標定しにくい小型目標を同行レーザー照射してやり、短時間で効率的に撃破しました」。

「通常、ひとつの目標の相手をすると、私たちは給油機に燃料をもらいに南に向かい、それからイラクへ舞い戻って、さっきと同じか別のキルボックスでもう1ラウンド仕事をしました。それからまた船に戻る途中で給油機に寄りました。任務は3時間から3時間半のあいだでした」。

　陸上分遣隊がCV-63に戻ったのは4月の第2週で、同月14日の航空作戦終了時までにVF-154は286ソーティを飛ぶ間に354発ものLGBを投下し、同行レーザー照射は65回以上、JDAMへの目標座標転送は32発分にも上った。その結果、「ブラックナイツ」の投弾量は、第5空母航空団で最も旧式の航空機を使用していたにもかかわらず、航空団のその他すべての飛行隊を上まわった。

（写真上）カタパルト射出後、重い機体を水平にするため左主翼スポイラーを作動させた「ナイト107」（BuNo 161296）。（PH3 Todd Frantom）
（写真下）OIF終了後のVF-154全隊写真。2003年5月。

第5章
北部の戦い
CHAPTER FIVE NORTHERN WAR

　地中海を拠点としていた第3および第8空母航空団は、それぞれハリー・S・トルーマンとセオドア・ルーズヴェルトを母艦としていたが、そのOIFでの戦いは北ペルシャ湾に展開していた航空団とはまったく異なっていたと、第3空母航空団の広報士官ジェイソン・ロハス中尉は同航空団の航海概略報告書に記している。
「トルコが自国領土内を米陸軍第4歩兵師団が出発点として使用することを拒否したため、北部戦線ではSOF（特殊作戦部隊）の活動が中心になったが、個々の活動はわずか3名程度のチームが行っていた。これらのチームは第3および第8空母航空団のCAS（近接航空支援）に大きく依存したが、両航空団の航空機は味方に危険が及びかねないほど近くに爆弾を投下することもしばしばだった。これらの航空機による支援が多国籍軍の地上部隊の生命を救い、最終的に100,000名近くのイラク兵投降につながったことは確かである」。
　SOFのCASソーティに特化する前、第3空母航空団のVF-32と第8空母航空団のVF-213はJDAMとLGBによるイラク国内の固定目標への通常攻撃任務に従事していた。こうした緒戦でのソーティは本戦争で最も長距離な部類であり、片道が最大2250キロに及ぶことすらあった。不朽の自由作戦で明らかになったとおり、トムキャット以外にこのようなソーティを余裕をもってこなせる機体はなく、これらの攻撃の先導機がF-14ということもよくあった。実際、本戦争における初の第3空母航空団任務を指揮したのは砂漠の嵐作戦のベテラン、VF-32隊長マーカス・ヒッチコック中佐と、そのRIOを務めた第3空母航空団司令マーク・ヴァンス大佐だった。OIFの最初の72時間に彼の航空団と第8航空団が直面した複雑なルート決定問題についてヒッチコック中佐はこう説明してくれた。
「初任務の直前、この地域の政治的状況は控えめに言えばけっこう微妙でした。トルコ経由で行けるかどうかはわかりませんでした。ですからイラクへのルートは北寄り、中央、南寄りと、いくつか計画する必要がありました。外交関係者の判断が決まってから、やっとどのルートが使えるのかがわかりました。許可されたルートでは、ナイル三角州のすぐ沖から発進後、シナイ半島を南下してイスラエルとヨルダンの南端で曲がり、サウジアラビアの砂漠を横断して、最後にイラクに入りました」。
「このルートの許可が下りたのはOIF開戦のわずか24時間前で、私たちの初攻撃を支援するのに、どの位置にいればいいのか全然通知されていなかった支援用給油機が数多くいました」。
「3月22日の初任務には19機が出撃し、最終的にイラク南部に進入したのは13機です。それ以外の機、4機のS-3と2機のE-2は、前線給油と指揮統制を担当し、事前打ち合わせ地点で攻撃機がイラクに進入するのを見届けてから艦へ帰投しました。片道2250キロという長い道のりでした。目標までのあいだ、トムキャットに乗っていた私たちは、ホーネットの人たちよりは少し快適でした。サウジアラビア＝イラク国境に着くと、最初の『ビッグウィング』給油機群と会合しました。それからの給油セッションは控えめに言えば気が抜けないもので、というのも給油機が所定の会合地点に現われたのが、私たちが燃料不足で引き返そうかどうか迷っていた時だったからです」。
「私たちは米空軍の給油機との待ち合わせ時間ちょうどに着きましたが、2機のホーネットが給油前に時間切れになっていました。私たちにはイラク領内に滞空できるヴァルタイムが設定されていて、それが終わると後続攻撃の邪魔にならないよう、敵空域から離脱しなければならなかったのです。給油機が現場に遅刻し、さらに給油に時間がかかったため、最後の2機のホーネットは、私たち全員が既定のヴァル時間帯のなかで進入離脱できる時刻までに給油が間に合わなかったのです。結局11機だけでイラクに進入することにしました」。
「OIFの開戦前、うちの隊ではトムキャットに3発のJDAMを積んで訓練していました。あの時点では2発を超える兵装でソーティ

CVN-75トルーマン初のOIF作戦からの帰還直後、艦内のCVIC（空母情報センター）でソニーの携帯型Hi8ビデオプレーヤーを使ってLTSの兵装命中動画を確認するマーカス・ヒッチコック中佐（着席）と第3空母航空団司令マーク・ヴァンス大佐（その後方）とVF-32の氏名不詳パイロット。CVICは航空隊員が最初に立ち寄って飛行後報告を行う場所で、ここで航空団の正確かつ最新のBHA（戦闘命中評価）報告書が作成され、統合航空作戦センターに送られた。海軍戦術機が装備する任務記録装置と同規格のHi8は、艦内の事後ブリーフィング室で速やかにテープを再生確認できたため、BHA作業に不可欠な機材だった。これにより複数の事後ブリーフィングが一度に可能になり、隊員たちがCVIC備え付けのプレーヤーの順番を待たなくてよくなった。整備員も飛行甲板での任務記録装置のトラブルシューティングに携帯型Hi8システムを使用していた。
任務指揮官として飛行前ブリーフィングを行ったヒッチコック中佐は当時についてこう語った。
「最初の任務には航空団の全員が一丸となって取り組みました。驚いたのはブリーフィングに現われた報道陣の数でした。出席した航空隊員より多いぐらいでしたよ！　設定されたメディア取材に応じるため、ブリーフィングを特別に2回開きました。最初のは公開討論形式で、できるかぎりの詳細を伝えましたが、時間は約15分でした。説明したのは飛行ルートの概要や今回の目標、天候状態、イラクに向かう航空機の数などです。それが終わってメディアが帰ったあと、もう一度ブリーフィングを始めました。今度は任務のさまざまな点について、もっと突っ込んだ話をしました。(PH1 Michael Pendergrass)

をしていた部隊はほかにいませんでした。戦闘用に燃料を補給し、自衛用ミサイルと2000ポンド爆弾を3発積むと、あの機は巡航高度で操縦がとても重くなるからです。私たちはかつて地中海にいた時にこの装備で猛訓練をしたのですが、OIFでそれが報われました」。

「あの初めての夜、アル・タカダム空軍基地の目標の攻撃で、うちのクルーたちはJDAMですばらしい仕事をしました。この兵器の能力は理屈では知っていましたが、私たち全員が飛行場に散在していた目標にそれぞれ3発の爆弾を叩き込んだ瞬間、これが見たこともない兵器だということがすぐわかりました」。

「目標に接近すると集中配置された対空砲の反撃を受けましたが、進入高度が8,500メートルから10,000メートルだったので難なく避けられました。目標からの離脱時に飛行場の上に出ると、SA-2地対空ミサイルが3発撃ち上がるのが見えました。もう乗機のJDAMは落としていたのと、JDAMには照準支援が不要だったので、出力100パーセントの戦術機動でSAMを振り切りました」。

VF-32のRIO、デイヴ・ドーン少佐が参加した後続昼間攻撃隊は、第1攻撃隊が母艦に帰還する前に出撃した。出撃したのは3機のF-14Bだった。彼もJDAMに感銘を受けたひとりで、その時が初使用だった。

「JDAMは一度に1発の兵器しか誘導できないLTSの威力を何倍にもするものです。JDAMを装備した3機のトムキャットなら、LGBを積んだ9機分の仕事ができます。目標に向かったのは11機でしたが、その全機がそれぞれ2〜3発のJDAMを積んでいたので、私たちは30機分の仕事をやってのけたわけです。艦隊にJDAMがまだなかった2年前だったら、それだけの機数が必要だったでしょう。本当に頭がクラクラするような体験で、パイロットと私はこの兵器の使いやすさが信じられませんでした」。

OIFでGBU-12とJDAMを混載し、カタパルトへの誘導を待つVF-32の3機のF-14B。この戦いに参加したほかの全トムキャット部隊同様、VF-32も機体のプローブ（受油棒）ドアを取り外していた。この改造は米空軍のKC-135ストラトタンカーから給油を受ける際にプローブが破損するのを防ぐためで、そのバスケット結合の相性の悪さから同機は海軍戦術機搭乗員たちから長年「鉄の処女（アイアンメイデン）」とあだ名されていた。同機はホースが短く、バスケットが重かったため、F-14の受けるダメージは大きく、プローブドアが脱落して右インテークに入ることもありえた。そうなれば良くてエンジンの全損、最悪の場合は炎上となる。（US NAVY）

OIF直前、地中海上空で訓練に励む「ジプシー101」（BuNo 161860）。本機はその後も投弾数を伸ばし（GBU-12を26発、GBU-16を6発、GBU-31を18発）、VF-32所属機で最多のソーティ数（37）と最長の戦闘飛行時間（178.9時間）を達成した。1984年末にF-14Aとして海軍に引き渡された本機は、VF-31を経てからVF-101へ移り、その後1988年にB型に改修された。セントオーガスティンのグラマン工場での改修作業後、VF-101に復帰した本機は1996年にVF-102へ、1998年にVF-11へ移籍された。2000年末、BuNo 161860は最終的にVF-32に配備され、2005年現在は同隊最後のF-14B運用航海に臨んでいる。（VF-32）

第8空母航空団の参戦
CVW-8 ENTERS THE FRAY

　夜間専用航空団に指定された第8空母航空団がOIFの「衝撃と畏怖」段階にようやく参戦したのは、ファルージャ周辺の目標を攻撃した3月22日の夕刻だった。任務が行われたのは第3空母航空団のアル・タカダム飛行場攻撃の24時間前に行われた同基地への防勢対航空掃討の終了後だった。第8空母航空団司令デイヴ・ニューランド大佐はVF-213の4機のF-14D（各2000ポンドJDAMを3発搭載）の1機のRIOとしてファルージャ作戦に参加し、同航空団の初陣を飾った。

「CVN-71には私がやるしかない管理職的な『本業』がほかに山ほどあり、最初の攻撃の指揮官をする余裕がなかったので、そのソーティの立案と現場指揮のみに専念できる誰かを探すことにしました。そこで初任務の指揮官に選んだのがVF-213の隊長、アンソニー・ガイアーニ中佐でした」。

「ファルージャへ行く途中、まだサウジアラビアで給油機と会合していたころ、遠くのほうでSAMと対空砲火が撃ち上がるのを暗視ゴーグルで見て驚きました。あの初めての夜は、視程がまるで無限に思えるほどいい天気でした。目標へ向かうにつれ、行く手の地上から撃ち上がるものは増えてきました。給油機から北進し始めてからしばらくすると、自分たちが向かっているのはあのSAMと対空砲火の飛び交う真っただ中なんだということがわかってきました！　仕事にとりかかる時間でした」。

「この最初の任務は昔の全力総攻撃のようで、8機編隊で事前計画どおりに固定目標—共和国防衛隊の野営地—に向かいました。私らは発進前に目標のGPS座標をもらっていたので、野営地を叩くのに目で見る必要すらなかったのですが、天気がよかったのでキャンプをFLIRでロックし、爆弾がつぎつぎに直撃していくさまを見ました。近くの宮殿も攻撃しましたが、こちらの目標では不発弾が2発ありました。FLIR画像には2000ポンド爆弾が宮殿の建物の屋根を突き破り、巨大な破孔を開けるのが映っていました。これは弾着時、音速に近い速度で飛翔していたのですが、そのあと爆発しませんでした。それからFLIR映像にはJDAMの1発が、目標を突き抜けて反対側から飛び出し、爆発しないまま道路の向こうへバウンドする様子もしっかり映っていました！」。

「イラク軍の対空砲は105ミリが主力だったので、ほとんどの砲弾がこちらの高度まで上がって来ました。私らは高度9,000メートルを巡航していたんですが、実際、頭上で炸裂する弾丸もありました。これは低高度の対空砲と携行型SAMしかなく、敵地上空でも7,500メートル以上を飛んでいれば安泰だった不朽の自由作戦の時とはまったく異なりました」。

「夜番航空団なのでいつも暗視ゴーグルをつけて飛んでいたため、外がにぎやかになった時、すべてが眼に見えていた私らは第3空母航空団の連中に気をつけるよう言いました。昼間は対空砲火がこんなによく見えないので、彼らは面食らっていたようでした。私の機も含め、対空砲火で全機が揺さぶられました。真下の

雲層からSAMが飛び出し、ミサイルの弾体がはっきり見えるほど近づいて来たのには、今でもうなじの毛が逆立ちます。幸いそのSAMは爆発せず、その勢いのまま真っすぐ抜けて行きました。あのミサイルには電子戦警報が鳴りませんでした。SA-6ですね、弾道飛行してましたから。イラク軍は明らかに私らがそこにいるのを知っていましたが、なぜあれが爆発しなかったのかわかりません」。

長距離「衝撃と畏怖」任務を実施していた48時間のあいだ、進入禁止空域の解除を受け、CVN-71とCVN-75の両艦はトルコ沿岸をめざして北東へ航行していた。第3および第8空母航空団の戦術機クルーたちが果たす役割はその後大きく変わったと、ヒッチコック中佐は筆者に語ってくれた。

「南ルートで二つの任務を飛んだあと、ようやくトルコの空域が私たちに開放されたので、1日かけて母艦を地中海のもっと北東に再配置しました。第3空母航空団が戦闘の第2段階としてイラク北部へ攻撃を開始すると、私たちは戦争が終わるまで毎日12ソーティを飛ぶことになりました」。

「私たちは最初の二つの任務での攻撃隊とクルーたちの活躍に喜びましたが、北へ移動しトルコを通過して作戦をすることになると聞くと、これからどう飛んで戦えばいいのか、よくわからなくなりました。22日の任務は事前に決まっていた固定目標が相手でした。何週間も前から目標攻撃訓練をしていたので、各隊員は何を攻撃するのか、発進前に正確に理解していました。トルコのほうに移動してからは任務はそうでなくなり、何をこれから攻撃するのか、もうはっきりしなくなりました。それ以降、飛行甲板で機に乗り込む時、目標がどこで、何がそれを防御しているのかがわかっていることは、ほとんどありませんでした」。

「北部での最初の2〜3日、私たちは攻撃する固定目標をかき集めるのに躍起になりましたが、これはせめて任務の前に大まかな計画が立てられれば、今度の戦地での仕事の段取りがつかめるのではと思ったからです。でもそうはなりませんでした。ある目標の攻撃についてブリーフィングしても、発進するまでに地上の状況はまず間違いなく変わってしまうのです。結局のところ、艦内で行う飛行前計画で打ち合わせられるのは、給油支援機の位置はどこか、使用周波数帯はどうするのか、目標上空の天候はどうかなどだけになりました。任務の融通性を高めるため、曇りならJDAMを選び、晴れならばLGBを使いました。さらにはリスク分散のため、時には両者を混載することもありました！」。

「3月24日から4月18日まで、地上のSOFチームとイラク北部で短期限定任務を実施しました。善玉と悪玉の区別がはっきりしていた南部と違い、北部でははっきりした前線のある戦場はありませんでした。そこでイラク北部を40〜50個のキルボックスに分割し、そのひとつか、何個かごとに作戦を練り上げていったのです。隊員たちは発艦前に自分がどれに割り振られるのか知ることは滅多にありませんでした。仕事をするキルボックスへの割り当てはイラクへ向かう途中に行われ、私たちの行き先はエイワックス統制官が地上のSOFの人たちと『商談』をして決めてました」。

「時たま私たちはキルボックスの枠から抜け出して、クルド人ゲリラの地上攻勢の流れで攻撃されているらしい要衝の目標を叩いたり、ひとつのソーティ中に何箇所かの目標を行き来することもありました」。

「イラク軍は北部に3個地上軍団を配置していました。私たちの任務はこれらの部隊を足止めし、南下して第5軍団と第1MEFから

2003年3月22／23日に実施されたファルージャ周辺の目標に対する第8空母航空団初のOIF任務から帰着後、艦尾甲板へ誘導される「ブラックライオン111」（BuNo 159629）。本機はJDAMを3発、AIM-9を2発、AIM-54を1発装備して発進した。機体とともに母艦に戻った兵装はミサイルのみである。(Troy Quigley)

「ブラックライオン106」(BuNo 163893)も第8空母航空団初のOIF攻撃作戦に参加した。この任務を飛んだVF-213のジョン・ヘフティ中佐はこう語ってくれた。「私は主力攻撃隊のためのDCA（防勢対空）ソーティを飛びましたが、これが実施されたのは確か戦争の二日目の夜です。うちの空母は開戦初夜の戦闘には参加しませんでした。VF-213が戦闘の『衝撃と畏怖』段階にあまり貢献できなかった理由は、単に地中海にいた空母部隊を支援する給油機が足りなかったからです。空母が北へ移動するとアクロティリからの給油機が協力してくれるようになり、部隊の戦闘参加レベルが上がりました」。(PH2 James McNeil)

艦首2番カタパルトに拘束された「ジプシー114」(BuNo 161424)。2003年4月初旬。2000ポンドJDAMを2発搭載している。21ソーティで90戦闘時間を飛んだ本機はOIFでGBU-31を4発、GBU-16を10発、GBU-12を12発投下した。(Erik Lenten)

バグダッドを守れなくすることでした。この仕事に充てられたのが、ホーネット72機とトムキャット20機を擁する2個航空団と、クルド人解放戦士の支援を受けていた地上のSOF隊員1000人でした。SOFのチームはイラク北部の至るところで作戦をしていて、私たちのために目標を見つけ出すのが彼らの仕事でした」。

「大抵の場合、私たちは空母から発進するとトルコとイラクの国境へ向かい、そこで最初の給油を受けました。目標地域へ向かう途中、給油機と会う時点での燃料は半分でした。それから45分間イラク領内に入って目標の相手をしました。兵装を全部使い切れば、まっすぐ帰投しました。そうでない場合はもう一度給油機を探し、それから改めて45分間イラクに戻り、また給油機に寄ってから帰投しました。自機の兵装を使うか使わないかに関わらず、私たちはひとつのソーティで2時間の持ち時間を使って効率的に支援をしてから、艦から来た次の攻撃隊と現場を交代しました。攻撃隊は普通、F-14の2機分隊1個から、最大でF／A-18の4個分隊でした。これらの機の支援にEA-6Bが1機とエイワックス統制をするE-2が1機つき、帰還してくる攻撃隊の万一に備えてS-3戦術給油機が数機、空母の上空にいました」。

CVN-71のトルコ沖到着後、VF-213が最初に実施した任務のひとつが、3月26日に米陸軍第173空挺旅団の空挺隊員1000名が降下したアルビル空軍基地への空挺攻撃のためのDCAおよびCAS支援だった。第二次大戦以来、最大規模の降下作戦を実施するのに兵士たちは15機の米空軍C-17グローブマスターⅢから降下したが、これらの機は第8空母航空団から発進した3波の攻撃隊で護衛されていた。その1機に搭乗していたのがVF-213のラリー・シドバリー少佐だった。

「あの夜、空挺隊員たちがC-17の後部から跳び出すのをFLIRビデオで撮影しました。彼らがティクリットやキルクークやモスルの周辺の目標を攻撃するために跳び出すのを見て、この人たちが地上で活動するのを手伝えるのは自分たちだけなんだと思うと気が引き締まりました。彼らが降下後に上空や地上から反撃された場合に備え、私たちは降下支援用の兵装をいつでも使えるようにしていましたが、敵部隊は見当たりませんでした。輸送機部隊がトルコへ引き返したので、結局私たちもその地域を離れ、爆弾をキルクーク周辺の既定目標に投下しました」。

VF-32とVF-213はいずれもOIF中、爆弾を混載するのが通例で、この「ブラックライオンズ」機もGBU-12とGBU-31（V）2／Bを各1発搭載している。VF-213のパイロット、マーク・ハドソン少佐はこの装備法の背景にある考えを説明してくれた。

「JDAMとLGBを両方積めるトムキャットなら、一度のCAS任務で二つの異なる目標を相手にできました。戦争の終わりごろは、爆弾を混載してソーティすることがよくありました。こうした混載が敵に対して大きな打撃力があった理由は、地上FACがJDAM用のGPS座標をくれ、しかも自機のLTSポッドで目標をロックできる場合があったからです。そういう時はまずレーザー精密兵器を選択しました。最初の攻撃で目標を破壊できなかった場合、レーザー誘導爆撃をやめてJDAMでやり直せたので、また戻ってきて完璧な精度で再攻撃しました。このような混成兵装で実際、私たちはOIFで毎日遭遇するほぼすべての目標をカバーできました。兵装担当員を呼んで任務前打ち合わせを入念に行わなければならなかったのは、貫徹目標が相手の時だけでした」。（VF-213）

天候の問題
WEATHER ISSUES

　OIFのほとんどの期間、イラク北部での作戦は悪天候に悩まされつづけ、高速ジェット機を15年以上飛ばしてきた経験のある熟練海軍搭乗員たちですら、あんな環境は初めてだったと筆者に語っている。VF-213の副隊長、ジョン・ヘフティ中佐も毎日のように密雲やひどい乱気流と格闘しつづけたパイロットのひとりだった。

「雲のなかでの空中給油はあたりまえで、地上から高度12,000メートルまで伸びる気象前線で雷雲と乱気流に翻弄されたものです。一度イラクで悪天候のためにFLIRが目標を捉えられなくなったことがあります。そうなると、そんな条件下で夜間に目標の上空を飛び回るほうがイラク軍より危険でした」。

「砂漠の嵐と不朽の自由の二つの作戦でトムキャットの実戦を経験しましたが、OIFの夜間任務が海軍航空隊員として飛んだうちで、いちばん大変な感じがしました。砂漠の嵐で経験した悪天候は2回か3回だけで、その時は雲のなかで給油をしなければなりませんでしたが、アフガニスタンでは空は大抵晴れていました。OIFでは反対で、少なくとも半分のソーティが悪天候下の飛行で、トルコを過ぎてから地中海に戻るまで事実上ずっと計器飛行のまま、それから4、5時間後に艦へ引きあげました。理由はわかりませんが、ありがたいことにあの悪天候が空母まで伸びてくるようなことはありませんでした。それでも夜間着艦がまだ控えていて、当然ながら昼間着艦よりも大変でした」。

　天候という絶え間ない悪条件にもかかわらず、VF-32とVF-213の両部隊はイラク領内のSOFチームの戦術機支援を見事に24時間維持しつづけたのだった。ラリー・シドバリー少佐も北部にいたSOFのFACと夜間に緊密な連携作戦を行ったひとりだった。以下は彼が語ってくれたOIFの典型的な北部でのCAS（近接航空支援）ソーティである。

「通常、私たちは発艦してからトルコ上空を南東に進み、イラク国境上空で給油機に寄りました。満タンになったらエイワックス統制官を呼び出して、彼に任務受領準備完了と告げます。申告するのは搭乗機の機種、装備兵装、燃料状態、私たちがFAC（A）有資格者かどうかです。それから任務が与えられますが、内容は地上FACの位置座標と使用周波数、またはキルボックスの座標なのが普通でした」。

「2機分隊で、それから時たま4機小隊でイラク北部へ向かう時、攻撃先導機は地上FACの場所をめざし、それから彼を無線で呼び出します。大抵の場合、SOFのFACは携帯無線機を使っているので、話をするには彼らのほとんど真上にいる必要がありました。彼らがモスルとキルクークの東側の山岳地帯で活動している場合は特にそうでした。彼らは直ちに任務を告げてくるのが普通なので、こちらはチェックインすると、すぐ爆撃に移れました。FACが話す9点状況説明は短く、早くて、簡潔です。あの人たちの通信はとにかく言葉が少ないので、普通の人が聞いたら、無線でちょっとでも長く話すのが嫌なんじゃないかと感じるでしょうね」。

「CASの成否は9点攻撃状況説明にかかっていて、これには進入、攻撃の実行、目標地域からの離脱に必要なすべての情報が入っていなければなりません。状況説明の内容は次のとおりです。

①進入開始点（IP）：CAS機が攻撃航過を開始する位置
②方位／偏移：IPの目標に対する方位、偏移角度（左／右）
③距離：IPから目標までの距離、航空機には海里で伝える
④高度：目標の標高、平均海面より何フィート／メートル上か
⑤目標概要
⑥目標位置：目標の座標
⑦マーク：FACが目標の本体／近辺に照射しているマークの種類（可視光／レーザー／赤外線）
⑧味方：目標から最も近い味方部隊までの方位と距離（目標座標との混同を避けるため、座標ではない）
⑨離脱：CAS機が目標攻撃後、その地域から離れるための方位とIP

「9点状況説明後、目標到達時刻（CAS機の爆弾が目標に命中すべき時刻）と最終攻撃飛行方向／円錐角（CAS機が目標に兵装を命中させるのに飛ばねばならない降下方向、ないしそれらのなす円錐）を含む追加情報が提供される。

この目標へ飛翔するGBU-12の驚くべき写真は、VF-32のTARPS装備機によって撮影された。その機のRIOだったデイヴィッド・ドーン少佐はこう語ってくれた。
「SA-2の基地をLGBで叩けと命じられた時に乗っていたのはTARPS機でした。ヒッチコック隊長の機が私たちの爆弾のために目標をレーザー照射してくれました。その際、自機から投下されたLGBがミサイル基地に命中するすごい動画が撮れました。数日後、再びTARPS機で飛んでLGBで目標を叩くことになり、前回の任務をおさらいできました。TARPS機がLGBしか積まなかったのは、単にJDAMが大きすぎたからです。またTARPSポッドを積んでいる時はLTSが使えないので、僚機に同行レーザー照射を頼まなければなりませんでした」。
OIFでVF-32がTARPS任務を飛ぶことはごく稀だったと、飛行隊長のマーカス・ヒッチコック中佐は説明してくれた。
「戦闘の初期段階ではTARPS任務の要請はありませんでしたが、うちの専任偵察員のシステム錬度維持のために2ソーティを飛ばさせ、必要なら第3母艦航空団のためにVF-32がこの役目を果たせるようにしました。結局、その後の戦いでTARPS任務を何度か飛ぶよう命じられました。うちの飛行隊は従来型とCD型のTARPS機を運用しましたが、両者はお互いを効率的に補完し合いました。私たちは地上目標の相手に忙しかったので、TARPS機にも爆弾を搭載し、一機二役をこなせるようにしました」。(VF-32)

船体中部3番カタパルトの拘束位置へ誘導されるLGB搭載の「ブラックライオン107」（BuNo 161166）。2003年4月1日。(PH3 Matthew Bash)

絶対不可欠な無線機を装具帯に保持し、次なる獲物を探すSOFの地上FAC。(USMC)

「この情報は無線で伝えられましたが、イラク北部には目標を提供する3人編成の小チームが何百組もいたので、私たちはFACが使用している周波数の文字通りの電話帳を持っていました。各チームは少なくとも2台の無線を持っていて、そのすべてが独自の周波数でなければなりませんでした。ところが十中八九、相手の周波数はその本に載ってませんでした！　F-14を飛ばしていて良いことのひとつがRIOがいることで、パイロットが機を飛ばすのに集中している時も、彼／彼女が無線を動かしてくれます。OIFではエイワックス統制官や地上FACの相手をする時のどちらの場合でも、これはとても重要でした」。

「地上FACはエイワックス統制官とまったく話すことはなく、代わりにもっと強力な通信設備のある別の中継局に連絡し、そこが代理でエイワックスに連絡を取って、現場に要請任務があることを伝えました。私たちはその情報とFACの周波数をもらうわけで、それで地上統制官と直接話をしたのです。RIOと私の二人ともがFACの9点状況説明を膝のメモ板に書き取りました。それから座標を復唱して私たちが写したのが正しいか先方に確認してもらいましたが、答えは『イエス』のひと言か、マイクを一度カチッと鳴らすかでした。それから私たちは座標を爆弾誘導システムに打ち込み、RIOに私の入れた目標情報が彼／彼女のと同じか確認

（写真上）雪に覆われたトルコ＝イラク国境の山岳地帯の上空を飛びながら、アクロティリ基地を拠点とする第100空中給油航空団のKC-135Rから給油を受ける「ブラックライオン105」（BuNo 161163）。2003年4月10日。OIFでこれほどの好天は例外的だったと、ラリー・シドバリー少佐は説明してくれた。
「OIFの全期間を通じて空中給油はとても気のめいる経験でした。まず給油機が雲にすっぽり覆われているのが当たり前でした。給油機のすぐ近くまで来たところで突然航法灯が見え、接近を押し止めた夜も何度かありました。そういう天気のひどい時は最初のアプローチを正確にしないといけません。会合時によくあった密雲のなかでは、方向感覚の喪失が即、致命的な事故につながりかねませんでした」。（VF-213）
（写真下）給油を完了し、第163空中給油航空団のKC-135Rから離れるVF-32のCAG機（BuNo 162916）。2003年4月11日。本機は35回のOIF任務でLGBを30発、JDAMを5発投下した。（Paul Farley）

しました」。
「すべての照準用数値を確認すると、目標をどう攻撃するのがベストか、ゲームプランを立てました。長いあいだ私たちは目標に教科書どおりの方法で対処し、そのタイプの任務だけを船に戻っても検討していました。そのうち私たちは一般的な戦術を自分たちの対応状況に合わせて編み出すようになりましたが、これは万一目標が手におえないと判明した場合は撤退する訓練までしたことで自信がついていたからです」。
「機体の状態が正常で、標的がLTSでロックアップされれば、HUDの爆撃指示記号がいつJDAMかLGBを落とせばいいか正確に教えてくれます。すべての投下用数値が揃ったら、FACに目標への航過準備ができたと伝え、彼に『翼よし』（ウィング・レヴェル）とコールし、彼が『戦闘を許可』（クリアード・ホット）と答えるよう促します。これで私は爆弾投下の権限を得ました。彼がそう言わなければ駄目なのです」。
「FACに目標を『敵』だと宣言してもらえれば、こちらは遠慮なく爆弾を落とせます。彼には目標が私よりもずっとよく見えているので、爆弾を落とすかどうかの最終判断は結局彼しだいなのです。彼の判断に異議をとなえたことは全くありません」。
「攻撃を受けているFACの相手をすることも時々ありました。その場合、地上に敵の車両がいるのが見えるようなら、彼の状況が

イラク領内の任務への中間地点でKC-135から給油を受けるため、その左翼側へ整列したVF-32の2機分隊。両機ともLGBを1発使用済みらしく、どちらのF-14BもGBU-12を1発しか積んでいない。手前のトムキャットはBuNo 163224で、OIFで35ソーティを飛び、LGBを29発、JDAMを14発投下した。奥の機はBuNo 161608で、42ソーティでLGBを28発、JDAMを14発投下した。VF-32はOIFで最悪の友軍誤爆事件を起こしている。2003年4月6日、モスルの南東約50キロのディバカン周辺でクルド人特殊部隊の車列を狙うイラク軍戦車の攻撃許可が、SOFの地上FACからVF-32のある機に下された。LGBが1発投下されたが、それは戦車ではなく、18台からなるSOF／クルド人部隊の車列に命中してしまった。クルド人戦闘員18名、米兵4名、BBC通訳1名が死亡し、さらに80名が負傷した。戦後の事件調査により、パイロットがFACから目標座標を得ないまま、誤った許可によりLGBを投下したことが判明したが、これは当時そのFACが「非常な緊張下で作戦をしていた」ためだった。F-14の搭乗員は交差点の傍らに戦車の残骸を発見したものの、その交差点に停止していた多国籍軍の車列を目標と誤認したのだった。パイロットがFACに無線で「道路がある、交差点がある、車両がいる」と言ったのに対し、「ラジャー、そいつが目標だ、攻撃を許可する」とFACが答え、悲劇が起きた。(USAF)

手に取るようにわかります。交信を絶やさないようにし、こちらから見えるものを教えると、彼はその情報をもとに私の目標を確認します。FACから目標攻撃許可がもらえれば、仕事をするのにそれ以上情報は要りません。大抵の場合、SOFチームに迫っていた車両や兵隊をやっつけると敵は退避するので、しばらくは落ち着きます。これでFACには『つぎにカヌーにいちばん近いワニ』をこちらに教える余裕ができ、私は新しい目標に取りかかれるわけです」。

「こうした近接戦闘では状況が短時間で激変することがあるので、自分が狙っているが悪者で、味方でないことを爆弾を落とす前にしっかり確認しなければいけません。こうした戦闘のあいだ、私はFACと連絡を絶やさないようにし、両者から見える車両の方位や向き、近くの川や道路に対する彼の現在位置などを無線で質問しつづけました」。

「ある夜助けたFACは、モスルとキルクークを結ぶ幹線道路がよく見張れるよう、小高い丘に陣取っていました。どういうわけか彼の位置はばれてしまい、監視していたイラク陸軍の車列が道から出て彼を包囲していました。イラク兵はトラックから飛び出すと、小火器と迫撃砲で彼を攻撃し始めました。FACは無線で救援を請うと叫び、大慌てで自分の位置の座標を言ってきました。それがわかると、敵の車両がFACの方向を向いて取り囲んでいたおかげで、簡単に敵兵を狙えることがわかりました。彼が目視状況を実に手早く伝えてくれたので、すぐに爆弾を敵の位置に落とし、FACは無事脱出できました」。

「一般的なCAS任務では、2機分隊のF-14で機同士の間隔を1.5〜3キロにし、僚機とお互いを常に視界内におさめながら作戦をしました。このように離れて飛ぶのは互いに衝突する心配をせずに機動できるからです。いつも2機分隊で作戦をし、ほぼ同じ地域を一緒に飛ぶにもかかわらず、各機が別々の目標を攻撃するのが普通でした」。

「同じFACの相手を何度もしたこともありました。そういう人は同一地域に複数の目標を抱えているのが普通でした。それらは1.5キロほど離れていたり、それより近いこともありました。そのFACは攻撃目標のリストを持っていて、自分の居場所から戦場を見渡すと、全部の目標が彼から見てほぼ一瞥できるようになってました」。

「戦争の終わりごろ、私と僚機はキルクークの近くにいたFACと仕事をするため派遣されました。目標に最後の航過をかけたところ、3発のSAMが前方に撃ち上がり、さらにたくさんの対空砲火もきました。私たちはミサイルの回避を開始し、明らかに弾道SAMだったので急激な機動で振り切ろうとするあいだ、2機のあいだで緊迫した無線のやり取りがありました。僚機の眼をミサイルに向けさせようと呼びかけると、彼らは視認はできなかったものの、こちらの呼びかけに上手く反応して正しい方向へ回避しました。それから私たちは彼らの機の上方に占位して、編隊を立て直して北へ飛びつづけようとしました。その時こちらはアフターバーナーになっていたんですが、2番機の若手RIOが無線でコックピット直上にミサイルがいます！って叫んだんです。パイロットはそのコールに応えて見上げ、すぐ自分のRIOにその『ミサイル』は隊長機だと教えました！　そのRIOはそれから航海のあいだ中ずっと、そのコールのことでどやされてました」。

VF-32とVF-213がOIFの戦闘作戦を停止した4月19日までに、地中海東部の2隻の空母から飛んでいた20機のトムキャットが

わずか30日のあいだに投下した兵装は652,600ポンド（約296トン）という驚異的な量だった。VF-32の14名の隊員は275戦闘ソーティを飛び、その飛行時間は1247時間に達し、しかもソーティ達成率は100パーセントだった。同部隊が使用したのはLGBが247発にJDAMが118発で、さらに地上掃射で20mm炸裂焼夷弾を1128発発射していた。VF-213の隊員のOIF従軍体験は要約すれば、「真夜中に目覚め」て、「明け方まで」爆撃しただったが、その無数の夜間「吸血鬼」任務の結果、198ソーティを達成し、合計飛行時間は907時間に上った。VF-213もソーティ達成率100パーセントを記録し、作戦期間中にLGBを102発、JDAMを94発投下した。地上の多国籍軍部隊は、第3および第8空母航空団が頻繁な悪天候にもかかわらず、彼らのために行った活動を高く評価していた。その気持ちを正確に代弁したのが、大規模戦闘終結から数日後の2003年4月末に、北部統合特殊作戦任務部隊司令チャールズ・クリーヴランド大佐が送信した、第3空母航空団司令マーク・ヴァンス大佐宛ての以下のEメールメッセージだろう。

「特殊部隊A群と本ヴァイキング任務部隊の全員を代表し、我々が必要とする時と場所に諸君がいてくれたことに感謝申し上げたい。諸君のおかげで我々はイラク軍の3個軍団を排除し、しいてはイラク第三および第四の大都市を陥落せしめた。第10特殊部隊群（空挺）とクルド人同盟軍を主体とする多国籍軍地上部隊に思いを馳せれば、言葉は尽きないだろう。我々が大いなる危険に立ち向かえたのは、我々が諸君を必要とする時、諸君が必ず来てくれると知っていたからだ。諸君は必ず期待に応えてくれ、おかげで我々は拠点をひとつとして失うことなく、わずか4名の犠牲者だけですべての作戦を終えられたのである」。

兵装をすべて投下し、地中海上空を高速で帰投する「ジプシー112」。OIFで第3空母航空団はVF-32の隊員と機体を酷使していたと、ヒッチコック中佐は回想している。
「飛行隊にはクルーが14人しかいなかったのに、OIFの開始当初から猛烈に任務要請があったので、若手のパイロットとRIOたちに分隊指揮の責任を大きく課すことになってしまいました。部隊では大変な努力をして、分隊指揮のしっかりできる人員を開戦前に訓練で育成していました。それが功を奏し、VF-32は連日12ソーティをこなせたのです。一日に14をめざしたことさえありましたが、13が精一杯でした。結局のところ飛行隊にいた14人の隊員だけでは、一日12ソーティが現実にできる限界でした。足かせになったのは飛行機の可用性でなく、人間の数でした。作戦が長期化することがわかったので、ひとりの隊員が一日に飛べるのは1ソーティだけに落ち着きました」。
「第3航空団が昼間の時間の半分を担当し、第8航空団がもう半分をやりました。うちの空母が当番だった12時間は、私は全員を働かせました。飛ばない隊員が2人いたら、LSO（着艦管制士官）か飛行隊と航空団の見張りにまわすというのが、洋上での飛行隊の常でした。つまり飛行隊の誰もがOIFでは毎日働きどおしだったのです。私は14ソーティを要求した時、それでは見張りに立つ人間をどうするのか忘れてました。（VF-32）

第6章
今もつづく作戦
CHAPTER SIX　ONGOING OPERATIONS

2003年5月1日、ジョージ・W・ブッシュ大統領はCVN-72の飛行甲板に立ち、イラクにおける大規模戦闘は終結したと宣言した。この時には北ペルシャ湾に展開する空母はニミッツのみになっていた。先述したとおり、同艦はトムキャットが皆無の艦で、その第11空母航空団はF-14を装備せずに北ペルシャ湾入りした史上初の航空団となった。かくして見まがいようのない姿のF-14が再びイラク上空に出現するのは、CVN-65搭載のVF-211が現地に到着する2003年10月23日以降となった。

第1空母航空団所属の同飛行隊も歴史に名を残した。これがF-14Aで作戦を行う最後の航海だったためである。OIF後も定番兵器だったJDAMを使用できなかったため、VF-211は北ペルシャ湾展開中にほとんど活動せず、これは不朽の自由作戦を支援するための短期展開時も同様だった。2003年5月以降に北ペルシャ湾に展開したすべてのトムキャット部隊と同じく、VF-211の飛行時間のほとんどはTARPS任務か、力の誇示を兼ねた主要／代替輸送路の地上コンボイ哨戒だった。ごくまれだったが同部隊は第1空母航空団に所属する3個のF／A-18飛行隊をLTSで支援したこともあり、トムキャットが提供した目標座標によりJDAMが少数投下された。

2004年2月の展開終了までにVF-211は220戦闘ソーティを飛んだ。部隊が兵装を投下することは一度もなかったが、飛行隊長のマイク・ウィットストーン大佐は部隊の活躍に大いに満足していた。

CVN-65の中部甲板カタパルトから射出されるVF-211の「ニッケル102」(BuNo 162610)。2003年11月18日。この数秒後、VMFA-312のF／A-18A＋も艦首2番カタパルトから発進し、2機の混成分隊を組んでISR (諜報監視偵察) 哨戒をイラク南部で行った。1987年初めに新造機としてVF-1に引き渡されたBuNo 162610は、1989年にVF-51に移籍された。1995年3月31日の「スクリーミングイーグルズ」解隊に伴い、本機はVF-213に配備され、「ブラックライオンズ」機として一度だけ西太平洋配備を経験し、その後1997年3月に同部隊からVF-154へ移籍された6機の一員として日本へ派遣された。2001年7月にオシアナに帰還してVF-211に加わった本機は、2004年9月に同部隊最後のトムキャットの1機として登録を抹消された。(PH Milosz Reterski)